미란다 자낫카Miranda Janatka

식물원예가이자 작가. 세계 명문 예술대학 중 하나인 영국 코톨드미술학교Courtauld Institute of Art에서 미술사학 학사 학위를 받았다. 세계 최대의 식물원인 영국 큐 왕립식물원(큐 가든)The Royal Botanic Garden, Kew에서 5년 동안 [illegible] 물과학부터 정원 디자인까지 [illegible] 현재는 〈BBC 가드너스월드미 [illegible] 수석 콘텐츠 제작자이자 필 [illegible] 한 글을 기고하고 있다. 자 [illegible] 넘치는 애정을 공유하는 데 열정적이고, 소셜미디어에서 많은 식물덕후 팬을 보유하며 활발히 활동 중이다. 영국 베드퍼드셔에 거주하며 채소와 꽃을 직접 재배하며 정원을 가꾸고 있다.

instagram.com/miranda.janatka

옮긴이 | **박원순**

서울대학교 원예학과를 졸업하고 여미지식물원에서 가드너로 일했다. 세계적으로 유명한 롱우드 가든에서 '국제 정원사 양성 과정'을 밟았고, 델라웨어대학교 롱우드대학원 프로그램을 이수하여 대중원예 석사학위를 받았다. 귀국 후 에버랜드에서 식물 전시 연출 전문가로 일하다가 현재는 국립세종수목원에서 전시기획실장으로 재직 중이다. 《나는 가드너입니다》《식물의 위로》《미국 정원의 발견》《가드너의 일》을 썼고, 《식물: 대백과사전》《가드닝: 정원의 역사》 등을 우리말로 옮겼다.

날마다 꽃 한 송이

사진: 파켈리아 타나케티폴리아의 꽃은 벌과 그 외 곤충들을 유혹한다.

다음 쪽 사진: 이탈리아 프리울리 베네치아에 위치한 밀밭에 개양귀비가 꽃을 피우고 있다.

날마다 꽃 한 송이

미란다 자낫카
박원순 옮김

김영사

일러두기

1. 모든 식물은 잠재적으로 독성이 있다. 식품이나 약초로 사용하기 전에 전문가의 조언을 구하기를 권한다. 이 책은 식물에 관한 일반적인 기록을 담고 있을 뿐, 섭취나 외용에 대한 조언을 제공하기 위해 쓰인 것이 아니다.
2. 각 꽃의 국명은 국가표준식물목록과 국가표준재배식물목록을 기준으로 했다.
3. 한국에 정식 국명이 있을 경우에는 그 이름으로 표기했고, 정식 국명이 없는 경우에는 라틴어 학명을 우리말로 음차했다. 단, 영명으로 통용되는 경우에는 이를 사용했다.
4. 라틴어 발음 표기는 국가표준식물목록을, 외래어 표기는 국립국어원 외래어 표기법을 따랐다.

차례

머리말 · · · 6

1월 · · · 12
2월 · · · 42
3월 · · · 70
4월 · · · 100
5월 · · · 132
6월 · · · 164
7월 · · · 194
8월 · · · 224
9월 · · · 254
10월 · · · 285
11월 · · · 316
12월 · · · 346

감사의 말 · · · 378
옮긴이의 말 · · · 379
이미지 저작권 · · · 381
찾아보기 · · · 382

식물과 과학에 대한 호기심이든, 예술에 대한 관심이든, 인류는 오랫동안 꽃과 깊이 연결되고 꽃에 매료되어왔다. 꽃은 탄생부터 죽음까지 우리의 문화적 사건들과 동고동락해오며 삶의 무상함을 비롯한 숭배와 사랑, 기억을 나타낼 뿐만 아니라 우리의 생존과도 매우 실질적인 관계를 맺는다. 꽃이 핀다는 것은 비옥한 토양과 음식이 생겨날 가능성을 시사한다. 오늘날 사람들이 꽃에서 발견하는 기쁨은 봄의 회귀, 비가 오는 시기, 또는 다가오는 결실의 계절에 대한 안도감에서 비롯된 것일 수 있다. 또한 꽃은 종종 국가의 표상이나 상징으로 사용되며, 국가의 문화적·역사적 정체성을 나타내기도 한다. 그 땅에 이익을 가져다주는 산업 생산으로 이어진 특정 식물이나 그 지역에서만 발견되는 토착 식물에 대한 자부심은 그곳에 사는 사람들에게 중요한 가치를 지닌다.

우리는 꽃다발 같은 상업적인 상품으로 꽃을 경험하거나, 야생에서, 또는 자연과 친밀한 관계를 맺고 직접 기르고 가꾸면서 꽃을 경험하기도 한다. 연구에 따르면, 꽃 선물은 사람들을 더 많이 미소 짓게 해주며 사회적인 접촉을 증가시킨다. 우리는 또한 자연에 나가 식물을 관찰하는 것만으로도 웰빙에 도움이 된다는 것을 알고 있다. 그 이유 중 하나는 식물에서 발견되는 프랙털, 즉 간단한 과정이 무한히 반복되어 형성되는 복잡한 패턴을 보는 것이 스트레스 수준을 감소시켜주기 때문이다. (프랙털의 한 가지 예로, 피보나치 나선을 형성하는 꽃차례inflorescence 안에 수많은 작은 꽃들이 배열되어 있는 것을 들 수 있다.) 하지만 꽃은 시각적인 경험 그 이상을 제공한다. 꽃은 움직임, 질감, 향기 그리고 가끔은 맛을 느낄 수 있는 다중 감각으로 우리를 즐겁게 하고, 오랜 기억을 불러일으켜 우리의 자전적 과거뿐 아니라 서로와 서로를 정서적으로 연결시킨다. 그뿐만 아니라 꽃 피는 식물은 정원사들에게 지금 생의 절정을 맞이하고 있다는 것을 알게 해준다. 꽃은 성공과 성숙의 상징이며, 식물이 처음으로, 그리고 아마도 단 한 번뿐인 자신의 생활사를 완성했음을 말해주는 신호이다.

오른쪽 자연의 아름다움을 포착하고 표현하기 위해 화가들은 오래전부터 꽃을 그려왔다. 빈센트 반 고흐의 〈파란 꽃병에 담긴 꽃〉(1887). 캔버스에 유화.

위쪽 작은 볼 형태의 꽃을 피우는 다알리아 '블리턴 소프터 글림' *Dahlia* 'Blyton Softer Gleam'은 절화로 꽃병에 꽂아두면 오래 볼 수 있다.

오른쪽 헬레니움은 코담배를 만드는 데 사용되어 스니즈위드sneezeweed라고도 불린다. 사진 속 품종은 헬리니움 '루빈츠베르크' *Helenium* 'Rubinzwerg'이다.

마지막으로, 우리는 우리 자신뿐만 아니라 곤충과 동물, 그리고 더 큰 생태계에 미치는 꽃의 중요성을 무시할 수 없다.

진화의 지도map로서 꽃의 변화, 그리고 꽃이 먹이를 내어주는(또는 그런 척하는) 꽃가루 매개자와의 관계를 추적할 수 있다. 식물은 특정 곤충과 새를 겨냥하여 향과 색깔의 맞춤형 매력을 장착하거나 어떤 모습을 정교하게 모방하기까지 한다. (예를 들어 꿀벌 난초의 경우 암벌과 똑같은 모습을 하여 수벌을 유혹한다.) 식물의 모든 부분은 변화하는 환경에 적응하고 생존하기 위해 진화해왔는데, 꽃은 시각적으로 가장 구별되기 때문에 식물을 분류하고 이름을 짓는 데 첫 번째 근거로 사용되었다. 오늘날 점점 더 많은 식물들이 DNA를 이용하여 분류되고 있지만, 식물의 동정과 분류는 원래 꽃의 형태학을 이용하여 수행되었다. 이에 대한 현대적 활용은 칼 린네가 자신의 저서《식물의 종》(1753)을 통해 라틴어 속명과 종명으로 식물의 학명을 제시한 이명법을 채택하면서 시작되었다.

이 책에 있는 꽃들은 전 세계의 가장 놀라운 식물들 중 일부를 대표하기 위해 선택되었는데, 대부분은 온대 지방의 자연 산책길이나 정원에서 쉽게 마주칠 수 있다. 선택된 식물들 가운데에는 세계에서 가장 큰 꽃에서부터 가장 작은 꽃까지, 상업적으로 가장 가치 있는 꽃에서부터 문학과 예술에서 은밀하거나 명백한 의미를 전달하기 위해 반복적으로 사용되는 꽃까지, 다양한 꽃들이 포함되어 있다.

이 책이 쓰인 목적은 일 년 내내 펼쳐지는 꽃을 발견하는 기쁨을 드높이고, 집에서 편안하게 멀리 떨어진 곳으로 마음의 여행을 떠나게 하는 데 있다. 꽃의 이야기를 들으면 꽃의 중요성을 더 잘 알 수 있다. 꽃은 우리가 개인으로서 그리고 집단으로서 스스로의 이야기를 공들여 만드는 것을 도와주는 자연의 고유한 예술이다. 이 책은 당신이 집과 정원을 가꾸고 장식하거나, 사랑하는 사람에게 꽃의 비밀스러운 언어에 대한 지식을 선물할 때 어떤 선택을 할지 도움을 준다. 나의 경우 어떤 형태의 예술을 감상할 때 자연 세계를 떠올리지 않을 수 없는데, 꽃은 오늘날 우리 주변에서 발견되는 아름다움의 기원에 관한 많은 부분을 제공하기 때문이다.

이 책의 각각의 꽃은 특정한 날을 대표하기 위해 선택되었다. 개화 시기는 해마다 약간씩 다르고, 어떤 꽃은 다른 꽃보다 더 오랜 시간에 걸쳐 피어나지만, 이 책에서는 그 식물이 가장 중요하게 거론되는 지역의 개화 시기에 따라 지정했다. 원

산지도 말하지만, 특정 지역이 언급되지 않는 경우에는 일반적으로 영국에서 그 식물이 개화하는 시기와 관련이 있다. 각 꽃의 용도와 이점, 역사를 살펴보고, 그들의 이야기를 나누며, 우리 인간 세계와의 관계를 밝힘으로써 우리는 꽃의 왕국을 발견할 수 있다.

날짜마다 각 꽃의 보통명과 함께 가장 최신의 학명을 규칙에 따라 이탤릭체로 표기했다. 칼 린네가 제시한 바와 같이, 각각의 학명은 두 부분으로 구성되어 있다. 첫째는 속명genus이고 둘째는 종명species이다. 어떤 종을 복수형으로 표현하기 위해서는 약어 'spp.'를 사용하며, 재배 품종의 이름은 학명 끝에 작은 따옴표로 묶어 표기했다(예를 들어, *Iris* 'Katharine Hodgson').

각각의 식물은 또한 과명family이 있는데, 책의 간결성을 위해 따로 표기하지 않았다. 하지만 꽃들 사이의 연결성에 대한 이해가 필요한 경우 따로 언급했다. 예를 들어 꿀풀과*Lamiaceae*의 식물들은 비록 같은 속 안의 식물들보다 종종 더 광범위하긴 하지만 서로 어떤 특징들을 공유한다.

이 책을 읽기 위해서는 꽃이 피는 부분에 대해 아주 간단히 이해만 하면 된다. 오른쪽 상단의 그림은 꽃의 기본적인 기관들의 명칭을 알기 쉽게

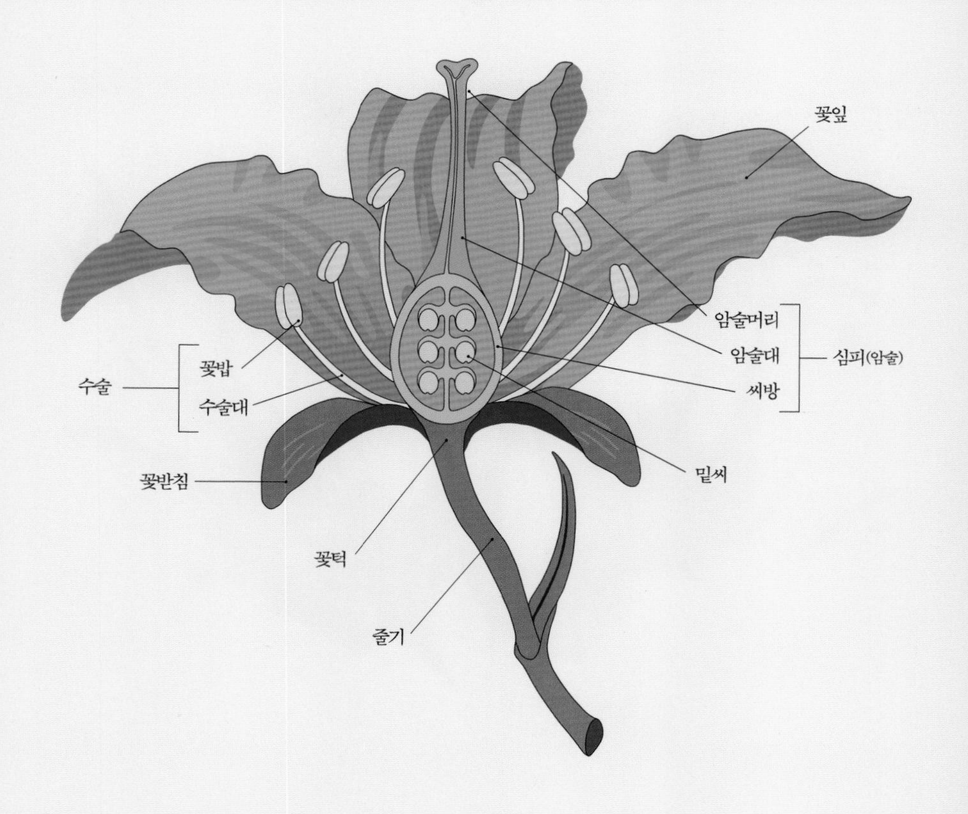

보여준다.

꽃의 아름다움과 정교함은 당신이 식물을 평생 사랑하게 되는 문을 열어줄지도 모른다. 현대 과학에서는 새로운 식물 종들이 항상 발견되고 있는데, 그 식물들은 우리에게 꼭 필요한 새로운 약이나 음식의 원천을 제공할 만한 잠재력을 지니고 있다. 어떤 꽃들은 여러 가지 이유로, 또는 극히 개인적인 이유로, 우리 마음속에 매우 특별한 자리를 차지한다. 나는 글라디올러스를 매우 좋아했던 아버지를 기억하고 추모하기 위해 이 꽃을 기르는데, 매년 이 꽃이 필 무렵 아버지를 만나는 큰 기쁨을 느낀다.

위쪽 꽃의 각 기관을 묘사한 해부도.

왼쪽 글라디올러스는 보통 매년 6월에서 10월 사이에 꽃이 피는 고전적인 정원 식물이다.

이 책이 당신에게 자연과 인간 세계를 모두 아우르는 가장 놀라운 이야기들을 통해 즐거운 사계절 여행을 경험하게 하고, 통찰력을 제공하기를 바란다.

설강화

COMMON SNOWDROP

Galanthus nivalis

새해 첫날에 꽃이 필 정도로 일찍 모습을 드러낸다.

이 앙증맞은 꽃은 한 해의 첫 시작을 알리는 꽃 중 하나로, 희망을 상징한다. 종종 눈을 뚫고 올라와 꽃을 피워 겨울이 서서히 끝나가고 있음을 알려준다. 열성적인 수집가들이 수많은 품종을 육종해냈는데, 그들은 독특한 품종을 구하는 데 돈을 아끼지 않고, 녹색, 노란색, 복숭아색 등 서로 다른 섬세한 반점을 가진 꽃들을 만들어냈다. 이 색깔들은 대부분 안쪽 꽃잎의 밑면에서 발견되므로, 설강화를 감상하는 가장 좋은 방법은 지면으로부터 위쪽을 보는 것이다.

클레마티스 '윈터 뷰티'

CLEMATIS 'WINTER BEAUTY'

Clematis urophylla 'Winter Beauty'

1월에도 풍성하게 피어나 기쁨을 전한다.

가치가 높은 이 정원 식물은 일 년 내내 녹색 잎을 제공할 뿐만 아니라 다른 꽃들을 많이 볼 수 없는 시기에 매력적인 종 모양의 수많은 꽃을 피운다. 넓은 잎과 커다란 꽃의 풍성함은 겨울이 아닌 한여름으로 착각하게 할 정도이다. 울타리, 관목, 심지어 나무 위에까지 오르며 덩굴 식물로 왕성하게 자란다. 이 품종은 정원에서 관상적 가치뿐 아니라 이른 시기에 활동하는 꿀벌들을 위한 먹이 공급원을 제공한다.

펠라르고늄 트리스테

NIGHT-SCENTED PELARGONIUM

Pelargonium triste

남아프리카에서 봄과 초여름에 걸쳐 꽃이 핀다.

야생에서 수집되어 전 세계에 걸쳐 재배된 첫 번째 펠라르고늄이다. 1632년 남아프리카에서 영국으로 도입되었다. 펠라르고늄은 거래 과정에서 종종 제라늄으로 잘못 불린다. 하지만 둘은 매우 다르다. 제라늄과 달리 펠라르고늄은 서리를 견딜 수 없으므로 추운 나라에서는 겨울 동안 실내에서 길러야 한다. 꽃을 살펴보면 펠라르고늄과 제라늄을 구별할 수 있다. 펠라르고늄은 위쪽 두 장의 꽃잎이 아래쪽 세 장의 꽃잎과 살짝 다르게 생긴 반면, 제라늄은 정확히 방사 대칭을 이룬다.

차나무

TEA PLANT

Camellia sinensis

전설에 따르면, 중국 농부들은 1821년 제작된 이 동판화에서 보듯이, 원숭이를 훈련시켜 찻잎을 따 모았다고 한다.

이 상록 관목은 홍차, 백차, 황차, 그리고 녹차를 만드는 데 쓰인다. 전해지는 이야기에 따르면, 이 음료는 중국 신화 속 통치자 신농이 약 5천 년 전에 만들었다고 한다. 그가 차나무 아래서 뜨거운 물을 마시고 있을 때 잎 하나가 컵에 떨어졌는데, 그는 그것이 우러나도록 놔두고 그 맛을 즐겼다고 한다. 원래는 아주 고가여서 부유층이 마시는 음료였는데, 17세기에 동인도 회사가 영국으로 대량 수입하는 데 큰 역할을 하여 더 많은 대중이 더 저렴하게 차를 마실 수 있게 되었다.

향괴불나무

WINTER-FLOWERING HONEYSUCKLE

Lonicera fragrantissima

1월에 꽃을 볼 수 있으며 곤충들에게 절실히 필요한 먹이 공급원이다.

이 꽃은 1845년 중국에서 영국으로, 몇 년 후엔 미국에 도입되었다. 빅토리아 시대에는 악령과 마녀를 물리치기 위해 가정집 정원과 문 주변에 재배되었다. 이 식물은 많은 생물에게 이로운데, 특히 박쥐가 먹이로 삼는 주홍박각시를 끌어들인다. 또한 덩굴성 줄기는 새들에게 둥지를 제공하고, 새싹은 무당벌레와 풀잠자리의 먹이가 되는 진딧물을 끌어들인다.

네리네 보우데니

NERINE/BOWDEN LILY

Nerine bowdenii

남아프리카에서 야생화로 자라며 여름부터 가을에 걸쳐 꽃이 핀다.

그리스 전설 속 바다 요정의 이름인 네레이드Nereid에서 유래되었다. 남아프리카의 산악 지역 비탈진 자갈밭에 분포하며 20세기 초 영국에 처음으로 도입되었다. 잎이 진 다음에 피는 꽃은 다채로운 색깔을 띠며 한 해의 후반부에 곤충들에게 꽃꿀을 제공한다. 네리네는 자유와 행운을 상징한다.

란타나

YELLOW SAGE/COMMON LANTANA

Lantana camara

중앙·남아메리카에서 많이 볼 수 있다.

남아메리카가 원산지인 이 식물은 오늘날 온대 지방 정원에서 인기가 있으며, 온도가 충분히 따뜻하지 않은 곳에서는 실내에서 재배된다. 네덜란드 탐험가들에 의해 유럽으로 처음 도입되었고, 후에 아시아로 도입되었는데 이 식물은 너무나 잘 자라 잡초로 자리 잡았다. 연구에 따르면 잎은 항균, 항곰팡이, 항해충 성분을 함유하고 있으며 전통적으로 홍역과 수두 같은 병 치료를 위한 약으로 사용되었다.

크리노덴드론 후케리아눔

CHILEAN LANTERN TREE

Crinodendron hookerianum

자생지인 칠레에서 가을에 꽃눈이 형성된 후 여름에 꽃이 핀다.

칠레가 원산지인 이 상록 관목은 '칠레 랜턴 트리'라는 영명에서 알 수 있듯이 기다란 줄기에 랜턴 모양의 진홍색 꽃들이 많이 달린다. 이국적인 모습 때문에 인기가 있으며, 추운 지방에서도 보호된 장소라면 겨울을 잘 견딜 수 있다. 영국에서 널리 재배하는데, 약산성 토양에서 가장 잘 자란다. 속명 '크리노덴드론'은 '백합'을 뜻하는 그리스어 'krinon'과 '나무'를 뜻하는 'dendron'이 합쳐진 말이다. 칠레에서 이 식물은 체내로부터 독성 물질을 배출해내기 위해 구토를 유발시키는 전통 약재로 쓰인다.

잘루지안스키아 오바타

NIGHT-SCENTED PHLOX

Zaluzianskya ovata

'나이트센티드 플록스'라는 영명으로 불리며, 남아프리카의 야생에서 여름 동안 밤공기를 향기로 채운다.

특히 밤에 강한 향기가 많이 나는 것으로 유명하다. 남아프리카가 원산지이다. 낮에 붉은빛을 띠는 꽃봉오리가 저녁이 되면 천천히 열리며 하얀 꽃을 드러내고 톡 쏘는 듯한 강한 향기를 내뿜는다. 전 세계 정원에서 인기 있으며, 특히 더 추운 지방에서는 따뜻한 계절 동안 화분에 재배한다.

홀리바질

HOLY BASIL

Ocimum tenuiflorum

인도 아대륙에 걸쳐 널리 퍼져 있으며, 인도 아유르베다 의술의 일환으로 강황과 함께 쓰인다.

일반적인 바질과 아주 가까운 관계인 이 식물은 힌두교에서 중요한 역할을 하며 툴시tulsi라고 알려져 있는데, 같은 이름의 여신이 현현顯現한 것이라 전해진다. 크리슈나 신은 이 식물에 보호와 정화의 효능이 있다고 믿어 잎과 꽃으로 화환을 만들어 목에 걸고 다녔다고 한다. 잎은 먹을 수 있으며, 정향, 민트, 바질을 연상시키는 톡 쏘는 맛이 있다. 조리하면 그 맛이 더 강해진다.

크로코스미아 아우레아

FALLING STARS

Crocosmia aurea

《커티스 보태니컬 매거진》(1847)에 수록된 월터 피치의 그림. 남아프리카에서 여름 동안 개화하는 이 꽃을 보여준다.

남아프리카 냇둑과 숲 가장자리에 자란다. '크로코스미아'는 그리스어로 '사프란'을 뜻하는 'krokos'와 '냄새'를 뜻하는 'osme'가 합쳐진 말이다. 말린 꽃을 따뜻한 물에 넣으면 사프란 같은 향이 난다고 전해진다. 붓꽃과에 속하는 크로코스미아는 또한 몬트브레티아montbretia라고도 알려져 있다. 야생에서 이 식물은 동물들에게 먹이를 제공하는데, 새들은 꽃이 진 후 맺히는 씨앗을 먹고 멧돼지는 알줄기를 먹는다. 줄기가 길어 꽃병에 절화로 꽂으면 매력적이다.

애기바나나

BANANA

Musa acuminata

열대 국가들 혹은 난방 시설을 갖춘 대규모 재배 온실 안에서 일 년 내내 커다란 꽃차례를 생산할 수 있다.

애기바나나는 (가장 널리 소비되는 바나나 품종인 '드워프 캐번디시Dwarf Cavendish'를 포함하여) 오늘날 전 세계에서 식용하는 많은 디저트용 바나나의 모체 식물이다. 남아시아 원산으로, 기원전 8000년경 처음 재배되었다. 각각의 꽃은 꽃차례의 일부를 형성하며 꽃줄기에서 수평으로 자란다. 암꽃은 밑부분에서 피고 열매가 맺히는 반면, 수꽃은 더 윗부분에서 피고 열매가 달리지 않는다. 바나나는 또한 관상용으로 재배되기도 하는데, 더 추운 지역에서는 실내 식물로도 사용된다.

1월 13일

바코파(향설초)

BACOPA

Chaenostoma cordatum

남아프리카가 원산지이며 해안 지역과 숲이 우거진 계곡을 따라 자란다. 속명인 '카이노스토마'는 '크게 벌린 입'을 뜻하는 그리스어에서 유래했는데, 별 모양의 작은 꽃의 중심부가 넓게 열려 있는 모습을 뜻한다. 종명인 '코르다툼'은 '심장 모양의 잎'을 뜻하는 라틴어에서 유래했다. 온대 국가들에서는 여름철 걸이 화분용으로 재배하는 비내한성 식물로, 많은 꽃이 아래로 늘어지며 피어난다. 꽃이 진 후에는 호박색 씨앗들이 들어 있는 삭과 형태의 열매가 맺힌다.

1월 14일

영춘화

WINTER JASMINE

Jasminum nudiflorum

중국이 원산지이며 해마다 잎이 나기 전에 빈 줄기에 많은 꽃이 피어 널리 재배되는 인기 식물이다. 봄을 맞이하는 꽃이라는 뜻의 영춘화는 풍성한 잎을 제공하여 종종 정원 담장을 덮는 데 사용된다. 꽃은 향이 없으며, 스코틀랜드 식물학자 로버트 포천이 1844년 중국에서 영국으로 이 식물을 처음 도입한 이래로 서양에서 사랑을 받아왔다.

오른쪽 남아프리카에서 늦여름에 꽃이 핀다. 조지 쿡의 채색 동판화(1817).

왼쪽 위 바코파의 꽃은 흰색이지만 '걸리버 바이올렛Gulliver Violet' 같은 품종은 분홍색과 보라색 꽃이 피어 관상용으로 선호되며 남아프리카에서는 연중 개화한다.

왼쪽 아래 늦겨울에 화사한 색깔의 꽃을 피워 인기인 영춘화는 영국 정원에서 1월부터 3월에 걸쳐 개화한다.

아프리카아가판서스

AFRICAN LILY / LILY OF THE NILE

Agapanthus africanus

사랑의 상징으로 보이는 이 식물의 라틴어 속명은 그리스어로 '사랑'을 뜻하는 'agape'와 '꽃'을 뜻하는 'anthos'에서 유래했다. 원산지인 남아프리카에서는 이 식물이 최음제로 여겨지며, 여성들의 원기를 강화하고 임신 가능성을 높이기 위해 사용되어왔다. 또한 반갑지 않은 뇌우를 막아준다고 믿어지기도 한다. 아프리카아가판서스는 따뜻한 계절 동안 파란색의 커다랗고 인상적인 꽃을 피우며 전 세계 정원에서 재배된다.

인테르메디아풍년화 '옐레나'

ORANGE WITCH HAZEL

Hamamelis × intermedia 'Jelena'

1월부터 2월에 걸쳐 주황색 꽃을 피운다. 겨울철 꽃이 만개한 나뭇가지 위에 푸른 박새 한 마리가 앉아 있다.

가장 인기 있는 풍년화 품종 중 하나로, 흔히 볼 수 있는 노란색이 아닌 주황색 꽃을 풍성하게 피운다. 꽃잎은 과일 껍질을 얇게 벗겨 낸 것처럼 곱슬곱슬 말려 있으며 진한 감귤 향을 발산한다. 1950년대에 벨기에의 식물 육종가인 로버트 드 벨더에 의해 육종되었으며, 식물학자이자 원예가였던 그의 아내의 이름을 따서 명명되었다. 이 식물에 대한 인지도 덕에 그들은 이후 세계적으로 유명한 칼름하우트 수목원을 설계하게 되었다.

미국산수유

CORNELIAN CHERRY

Cornus mas

레누아르가 번역한 오비디우스의 《변신 이야기》에 수록된 장 마퇴의 판화(1610년경). 마녀 키르케가 오디세우스의 추종자들을 돼지로 변하게 한 후 미국산수유 열매가 담긴 접시를 들고 있다.

남유럽과 서남아시아 원산인 이 낙엽수는 늦겨울 작은 노란색 꽃을 피운다. 잎이 나기 전에 꽃이 피어 정원에서 특히 매력적이다. 중세 시대에 처음으로 서양에 도입되어 수도원 정원에서 재배되었다. 꽃이 진 다음에 빨간 열매가 달리는데, 덜 익은 상태에서는 아주 쓴맛이 나고, 완전히 익으면 자두 같은 맛이 난다. 호메로스의 《오디세이아》에서는 오디세우스의 추종자들이 돼지로 변한 후 이 열매를 먹는 장면이 나온다. 그 밖에 여러 고전문학에서 이 식물이 언급되었다.

알제리붓꽃

ALGERIAN IRIS

Iris unguicularis

겨울 붓꽃winter iris으로도 알려졌으며, 추위를 이겨내고 1월에 꽃을 피워 정원사들에게 귀한 식물이다.

겨울에 꽃이 피는 이 붓꽃 종류는 연보라색 꽃잎에 섬세한 반점이 있으며 은은하고 달콤한 향기가 난다. 그리스, 튀르키예를 비롯한 주변 일부 지역이 원산지이다. 한겨울부터 몇 달 동안 이른 시기에 꽃을 피워 정원사들이 선호한다. 특히 '메리 바너드Mary Barnard'라는 품종이 유달리 인기가 있는데, 꽃이 더 짙은 보라색을 띠고 특별히 믿을 만하여 우수 정원 식물 상을 받았다.

납매

WINTERSWEET

Chimonanthus praecox

꽃가루 매개자를 유혹하기 위해 겨울 정원에서 강한 향기를 만들어낸다.

원산지가 중국인 이 식물은 또 다른 인기 정원 식물로, 잎이 나기 전인 한겨울에 향기 나는 꽃을 피운다. 1766년 중국에서 영국으로 도입된 후 코번트리 백작이 크룸 코트Croome Court에 있는 자신의 온실에 식재했다. 이 식물이 겨울 추위에 강하다는 사실은 100년이 지난 후에야 알려지게 되었다. 납매는 '영국 정원의 아버지'라고 불리는 존 루던이 "어떤 정원도 이 식물이 없으면 안 된다"라고 말할 정도로 널리 유행했다. 납매의 향은 존퀼라수선화와 제비꽃이 혼합된 향으로 묘사되는데, 달콤한 향이 짙은 다른 꽃들과 마찬가지로, 지나치면 오히려 불쾌할 수도 있다. 따라서 집 안에는 아주 소량만 들여야 한다.

메디아뿔남천 '윈터 선'

OREGON GRAPE 'WINTER SUN'

Mahonia × media 'Winter Sun'

상록 관목이며 한겨울에 선명하고 화사한 수많은 꽃을 피워낸다.

중국뿔남천*Mahonia oiwakensis subsp. lomariifolia*과 대만뿔남천*Mahonia japonica*의 교배를 통해 만들어진 이 품종은 한 해의 이른 시기에 꽃을 피워 사랑받는다. 아치 모양 줄기에 피는 향기 나는 꽃이 진 후 여름에 걸쳐 보라색 열매가 달린다. 상록 식물로 정원에 건축적 구조미를 더해주며, 호랑가시나무를 연상시키는 가시 돋친 잎이 있어 무단 출입을 막는 데 사용되기도 한다.

클레마티스 키로사

EVERGREEN CLEMATIS

Clematis cirrhosa

겨울 동안 커다란 꽃들을 많이 피운다. 사진 속 '프레클스Freckles'라는 품종은 적갈색 반점들로 얼룩덜룩하다.

겨울철에 꽃을 볼 수 있어 정원사들에게 인기가 많은 이 식물은 지중해 지역이 원산지이다. 종 모양의 꽃이 피는 덩굴 식물이며, 꽃이 모두 진 다음에는 비단 같은 씨앗 뭉치가 달린다. '위슬리 크림Wisley Cream'이라는 품종이 유명한데, 이는 이 품종이 육성된 영국 서리주 소재의 왕립원예협회 위슬리 정원의 이름을 붙인 것이다. 이 식물을 부르는 다른 이름으로는 '얼리 버진스 바우어Early Virgin's Bower'가 있는데, 이는 풍성한 꽃들이 아래쪽으로 흘러내리며 피는 습성을 나타내며, 하얀색 꽃은 순결을 상징한다.

호주매화

MĀNUKA/MANUKA

Leptospermum scoparium

뉴질랜드의 여름이 시작될 무렵 몇 주에 걸쳐 꽃이 피는데, 각각의 꽃은 며칠만 개화한다.

꿀은 2천 년 넘게 전통 의학에 사용되어왔다. 크림 같은 질감에 살짝 견과 맛이 나는 마누카(호주매화의 현지어 이름－옮긴이) 꿀은 효능이 가장 좋다고 알려져 있다. 호주매화 덤불은 원산지로 추정되는 뉴질랜드 북부와 남부 섬들, 그리고 호주 일부 지역의 해안에 걸쳐 분포한다. 뉴질랜드 마오리족은 오래전부터 이 식물의 치유력을 인식하고 있었다. 호주매화의 꽃꿀은 특히 항균 및 소독에 효과적인 메틸글리옥살과 페놀 성분을 많이 함유하고 있다.

스타펠리아 기간테아

CARRION FLOWER

Stapelia gigantea

불가사리 모양으로 '썩은 고기 꽃carrion flower'이라고도 불린다. 남아프리카의 봄과 여름 동안 모래와 자갈이 많은 지역에서 볼 수 있다.

이 꽃식물은 남아프리카와 탄자니아 사막 지역이 원산지로, 수많은 다육 식물 수집가들 사이에서 인기가 있다. 꽃은 커다랗고 별 모양이며 비단결 같은 질감을 가지고 있다. 또한 수분 매개자인 파리를 유혹하기 위해 고기 썩는 냄새를 풍기며 지름이 40센티미터까지 이를 수 있다. 이 식물은 역사적으로 '히스테리hysteria'라 불린 증상을 치료하기 위해 전통적으로 사용되었다고 여겨진다.

1월 24일

겨울에 꽃피는 매화를 그린 채색 목판화. 왕개가 쓴 《개자원화보芥子園畫譜》(1812)에 수록된 작품이다.

매실나무

Plum

Prunus mume

영명으로는 보통 '자두plum' 혹은 '일본 살구Japanese apricot'라고 불리는데, 열매로 본다면 후자 쪽이 더 정확한 묘사이다. 낙엽수인 매실나무는 열매 자체를 위한 목적보다는 관상용으로 더 많이 재배된다. 겨울철 중후반에 약간 알싸한 향을 지닌 분홍색 꽃을 선보인다. 꽃이 진 다음 살구 같은 열매가 맺히지만 식용 매실나무와 달리 관상용 매실나무는 더 쓴맛이 나며 안쪽의 단단한 씨가 과육과 붙어 있다. 매화는 오랫동안 중국 예술과 시에 묘사됐으며, 겨울과 봄이 오는 것 모두를 상징한다.

퍼퍼스괴불나무

PURPUS HONEYSUCKLE

Lonicera × purpusii

정원사들에게 가장 인기 있는 겨울 개화 식물 중 하나이다. 3월까지 향기 나는 꽃을 피운다.

이 식물은 중국 원산의 인동 종류인 향괴불나무*Lonicera fragrantissima*와 스탠디쉬괴불나무*Lonicera standishii* 사이의 교잡종으로, 1920년대 독일에서 만들어졌다. 꽃은 인동 특유의 향기를 진하게 내뿜는다. 추운 날씨를 견딜 수 있어 정원사들이 선호하는데, 한겨울에 꽃이 피는 '윈터 뷰티Winter Beauty'라는 품종이 특히 유명하다. 아직 잎들이 나기 전 비어 있는 가지에 관 모양의 꽃들이 피어난다. 다른 많은 인동 종류와 달리 퍼퍼스괴불나무는 덩굴 식물이 아닌 아치를 이루는 관목 형태로 자란다.

헬레보루스 포이티두스

STINKING HELLEBORE

Helleborus foetidus

영국에 자생하는 이 우아한 꽃은 1월부터 이른 봄까지 꽃을 피운다.

영국을 비롯한 유럽 중부와 남부 일부 지역이 원산지인 이 식물은 독성이 있으므로 주의해서 다루어야 한다. 꽃에서는 특별히 안 좋은 냄새가 나지는 않지만, 잎을 으깨면 종종 소고기 같은 냄새가 난다. 상록성이며 꽃은 황록색이다. 수술이 많이 달려 있어 연중 이맘때 벌과 꽃가루 매개자들에게 귀한 꿀을 공급한다. 꽃 안에 있는 효모가 온도를 높여 공기 중에 향 성분을 발산시키는데, 이것이 꽃가루 매개자를 유혹하는 데 도움이 된다고 알려져 있다.

오른쪽 물에 비친 자신의 모습을 사랑한 나르키소스를 그린 19세기 작자 미상의 채색 망판화.

다음 쪽 위 파로티아 페르시카의 붉은 꽃눈은 1월부터 2월에 걸쳐 빈 나뭇가지를 장식한다.

다음 쪽 아래 네팔서향 '재클린 포스틸' 품종은 한겨울에 몇 주에 걸쳐 향기로운 꽃들을 피운다.

수선화 '라인벨츠 얼리 센세이션'

DAFFODIL 'RIJNVELD'S EARLY SENSATION'

Narcissus 'Rijnveld's Early Sensation'

만약 이렇게 이른 시기에 꽃을 피우고 있는 진한 노란색의 작은 수선화를 발견한다면, 이 품종일 가능성이 높다. 순수한 황금빛을 지닌 이 품종은 겨울 정원에 색을 입히는 꽃으로 정원사들에게 인기가 있다. 꽃은 약간의 향을 지니며 눈이 와도 견딜 수 있어 꾸준히 사랑받고 있다. 그리스 신화에서 강의 신 케피소스와 님프 리리오페의 아들로 태어난 나르키소스에서 수선화의 속명을 따왔다. 그는 아름답기로 유명했는데 물웅덩이에 비친 자신의 모습과 사랑에 빠졌고 이는 이루어질 수 없었기에 그저 여위어만 갔다.

1월 28일

파로티아 페르시카

PERSIAN IRONWOOD

Parrotia persica

풍년화와 가까운 친척인 이 식물은 이란 북부 지역이 원산지이다. 1월과 2월에 걸쳐 비어 있는 가지 끝에 진홍색 꽃송이들이 피어난다. '아이언우드ironwood'는 이 나무가 사는 매우 울창한 숲을 일컫는다. 꽃뿐만 아니라 얇게 벗겨지는 나무껍질도 겨울에 매력적이다. 꽃 자체는 꽃잎을 가지고 있지 않다. 강렬하고 매력적인 색깔을 내는 것은 꽃봉오리에서 나오는 수술이다.

1월 29일

네팔서향

NEPALESE PAPER PLANT

Daphne bholua

겨울에 꽃피는 인기 식물이다. '재클린 포스틸Jacqueline Postil'이라는 품종은 1월에 항상 꽃을 피워 정원사들이 특히 좋아한다. 다른 전형적인 서향 종류처럼 생긴 꽃에서는 달콤한 감귤 향이 난다. '네팔서향'이라는 보통명이 말해주듯이 네팔과 중국이 원산지이다. 꿀이 풍부해 벌이 좋아하는 꽃이 진 후 아주 진한 보라색 열매가 달린다.

코로닐라 발렌티나 글라우카

GLAUCOUS SCORPION-VETCH

Coronilla valentina subsp. *glauca*

멧노랑나비는 겨울철 동면에 들어가지만 햇빛이 밝게 비치는 따뜻한 날이면 코로닐라 발렌티나 글라우카 같은 꽃의 꿀을 먹는 모습이 포착되곤 한다.

복숭아와 비슷한 향기가 강하게 나는 완두꽃을 닮은 노란색 꽃이 1월 말에서 봄까지 피어난다. 원산지는 지중해 지역이며, 담황색 꽃이 피는 '시트리나Citrina' 품종이 정원에서 더 널리 재배된다. '코로닐라'라는 속명은 꽃이 둥근 왕관 모양으로 피는 것을 나타내는 말이다. 아종인 글라우카*glauca*는 코로닐라 발렌티나의 녹색 잎과는 대조적으로 회녹색의 잎을 갖는다.

별꽃

COMMON CHICKWEED

Stellaria media

낮게 자라는 식물로, 미네랄이 풍부해서 닭들에게 영양가가 높은 간식이다. 사람들도 이 식물을 샐러드에 넣어 먹을 수 있다.

유라시아가 원산지인 이 식물은 오늘날 전 세계에서 발견되며 잡초로 간주된다. 식용 가능하고 영양가가 높으며 새와 사람 모두 먹을 수 있다(임산부나 모유 수유자에게는 권장되지 않는다). 꽃은 흰색으로, 토끼 귀를 닮은 다섯 쌍의 꽃잎으로 이루어져 있다. 별꽃속을 뜻하는 속명 '스텔라리아'는 이 꽃이 별 모양으로 생긴 것을 나타내는 말이다. 전통 의학에서 이 식물은 다른 많은 질병을 비롯하여 피부 질환과 관절염을 치료하는 데 사용되어왔다.

자단향

NARRA

Pterocarpus indicus

아시아의 열대와 온대 지역에서 2월 말부터 꽃이 피기 시작하여 나뭇가지를 노란색으로 화사하게 밝힌다.

필리핀의 국목國木으로, 굳건한 기개와 강인한 정신을 상징한다. 높게 자라는 줄기에 노란 꽃들이 피어나는 모습이 매력적이어서 가로수 등 관상용으로 사용된다. 장미 향이 나는 단단한 목재는 고급 가구와 장식용 베니어판에 쓰인다. 잎을 우려낸 물은 인후통을 포함한 다양한 질환의 치료를 위한 전통 의학뿐 아니라 샴푸에도 사용된다.

에리카 키네레아

BELL HEATHER

Erica cinerea

히스랜드 같은 곳에서 자라며, 늦가을부터 늦봄에 걸쳐 꽃을 피운다.

영국과 아일랜드 같은 나라, 특히 스코틀랜드의 황야 지대와 히스랜드heathland(보통 왜성으로 자라는 에리카과*Ericaceae*의 상록성 식물들이 척박한 산성 토양에서 대규모 군락을 이루며 자라는 개방형 서식지 – 옮긴이) 같은 거칠고 척박한 서식지에서 가장 많이 발견된다. 꽃가루를 풍부하게 생산하는데, 이는 부니호박벌, 붉은꼬리호박벌, 꿀벌 같은 벌들에게 아주 중요하다. 헤더 꿀heather honey의 원천이기도 하다. 훈제 향과 함께 그리 강하지 않은 달달한 뒷맛이 오래 지속되는 이 꿀은 짙은 호박색을 띠고 항산화 물질이 풍부하며 항균 효능이 뛰어나 귀하게 여겨진다.

접시꽃

HOLLYHOCK

Alcea rosea

튀르키예가 원산지인 이 종은 튼튼하게 자라며 정원용으로 인기 있는 수많은 접시꽃 품종의 원종이다. 전통적으로 아이들은 이 꽃으로 인형을 만들었는데, 완전히 핀 접시꽃은 치마로, 반쯤 핀 꽃은 몸통으로, 꽃봉오리는 머리로 만들어 막대기로 함께 고정시켜 만들었다. 전 세계에 걸쳐 재배되는 접시꽃은 나비와 벌새를 유혹한다. 또한 '화장실 꽃' 또는 '변소 식물'로도 알려져 있는데, 이는 키 큰 줄기와 커다란 꽃이 전통적으로 화장실 같은 보기 흉한 건물들을 가리는 데 사용되었기 때문이다.

중국이 원산지이기도 하다. 2월부터 자라기 시작해 8월까지 꽃을 피운다.

트라키스테몬 오리엔탈리스

EARLY-FLOWERING BORAGE

Trachystemon orientalis

'아브라함-이삭-야곱'이라고도 불린다. 별 모양의 꽃은 이맘때쯤 막 모습을 드러내기 시작해 별 모양으로 핀다.

이달부터 꽃 피기 시작하는 이 식물은 일반적인 보리지borage와 친척 관계로, 흰색 화관에 푸른빛이 도는 보라색 꽃을 피운다. 빨리 퍼지는 강인한 식물로 유럽 남부와 아시아 남서부가 원산지이다. 잎이 막 돋아나기 시작할 때 뾰족한 꽃들이 피어난다. 속명인 '트라키스테몬'은 '거칠다'는 뜻의 그리스어 'trachys'와 꽃에서 발견되는 수술대를 일컫는 'stemon'에서 유래했다.

한련화

NASTURTIUM

Tropaeolum majus

《자연과 과학 도해 백과사전》(1875)에 수록된 한련화의 양식화된 삽화.

남아메리카와 중앙아메리카가 원산지인 한련화는 빨리 자라고 화사한 꽃을 피워 정원에서 인기 많은 식물이다. '트로파이올룸'이라는 속명은 전리품, 즉 트로피를 뜻하는 그리스어 'tropaion' 혹은 라틴어 'tropaeum'에서 유래했다. 로마인들은 패배시킨 적들의 갑옷과 무기를 트로피에 매달았는데, 한련화가 이 전리품들을 닮았다고 생각했다. 둥근 잎은 방패처럼 보이고 오렌지색 꽃은 피 묻은 투구처럼 보였기 때문이다. 이 식물은 전체를 먹을 수 있고 기분 좋게 매콤한 맛이 난다.

디아스키아 몰리스

TWINSPUR

Diascia mollis

개화기가 길어 남아프리카에서는 봄부터 가을까지 이 꽃을 볼 수 있다.

남아프리카 해안에서 가까운 야생의 산악 지역뿐 아니라 초지대와 숲에서 발견되는 이 식물은 사랑스러운 꽃 때문에 전 세계 정원에서 인기가 많다. 이 식물은 남아프리카 온대 지방 토종으로, 꽃에서 기름을 수집하는 레디비바Rediviva 벌과 중요한 관계를 맺는다. 꽃은 맨 아래 부분 안쪽에 얇은 세포막으로 이루어진 창문으로 암벌을 유인한다. 기다란 주머니 안에 있는 샘에서 생산되는 기름은 암벌이 유충을 먹이는 데 필요한 지방이 풍부하다. 암벌이 기름을 채취하는 동안 몸에 꽃가루가 묻어 수분受粉이 이루어진다.

풀모나리아 오피키날리스

COMMON LUNGWORT

Pulmonaria officinalis

2월 초 꽃망울이 생겨나기 시작한 후 얼마 지나지 않아 개화기를 맞이한다.

이 식물은 중세 시대부터 기침과 흉부 질환의 치료에 사용되어왔다. 종명인 '오피키날리스'는 이러한 약효 때문에 붙게 된 이름이다. 당시 중세 의사들은 신이 우리 신체의 특정 부위와 모양이 닮은 식물로 하여금 관련 질환을 치료할 수 있게 했다는 약징藥徵주의를 믿었다. 그런 관점에서 이 식물은 폐병을 치유하기 위해 만들어진 것이라고 여겨졌다. 얼룩덜룩한 잎들이 병든 폐를 연상시켰기 때문이다. 이 식물은 저지대 숲에서 산악 지대까지 유럽의 다양한 지역에 널리 분포한다.

노랑너도바람꽃

WINTER ACONITE

Eranthis hyemalis

설강화와 함께 식재하면 늦겨울 멋진 꽃 전시를 감상할 수 있다.

미나리아재비과의 이 식물은 숲의 땅을 따라 널리 퍼져 노란 꽃의 양탄자를 형성한다. 프랑스, 이탈리아, 발칸반도 원산으로, 나무 아래에서 잘 자라며 해마다 이른 시기에 꽃을 피워 정원에서도 인기가 많다. 18세기 영국에서 풍경식 정원이 유행하면서 이 꽃은 매우 널리 사용되었다. 이 식물은 독성이 있어 사슴과 설치류가 기피하는데, 이 또한 인기에 한몫을 했을 것이다.

동백나무

COMMON CAMELLIA

Camellia japonica

로렌조 베를레제의 저서 《카멜리아속 도해집, 또는 가장 아름답고 희귀한 카멜리아속에 대한 설명과 묘사》(1841)에 수록된 요한 야코프 융의 식물 세밀화를 채색 동판화로 제작한 오뎃의 작품.

처음에 차나무로 착각해 영국에 들여왔다고 여겨지는 동백나무는 아름다운 꽃으로 관심을 끌게 되었다. 영국에서 동백나무를 처음 재배한 사람은 로버트 제임스 페트레(1713~1742)로, 그는 에식스주에 있는 자신의 손던 홀Thorndon Hall 온실에서 동백나무 꽃을 피웠다. 당시 동백나무는 매우 희귀하고 비싼 식물이었다. 하지만 19세기에 이르러 온실이 아닌 바깥에서도 쉽게 재배할 수 있다는 사실이 알려지면서 굉장한 인기를 얻게 되었다.

유럽개암나무

COMMON HAZEL

Corylus avellana

2월 중순부터 유럽개암나무의 수꽃은 우아한 미상 꽃차례를 형성하며 나뭇가지에 모여 달린다.

개암나무 꽃은 이른 봄 매력적인 볼거리이다. 모든 개암나무류는 수꽃과 암꽃이 따로 핀다. 암꽃은 작은 눈bud처럼 생긴 데 반해, 수꽃은 나뭇가지에 기다랗게 매달려 샛노란 미상 꽃차례(마치 동물 꼬리처럼 꽃들이 길게 늘어지며 모여 달리는 꽃차례 – 옮긴이)를 형성한다. 각각의 미상 꽃차례는 240개의 개별 꽃들로 이루어져 있는데, 성숙하면 아주 살짝 건드리기만 해도 상당히 많은 양의 꽃가루가 공중에 방출된다.

흰꽃이월서향

MEZEREON

Daphne mezereum

2월에 아름다운 색으로 활짝 피는 꽃으로 인기가 많다.

유럽에 널리 자생하는 이 식물은 2월에 흰꽃으로 피는 서향 종류여서 흰꽃이월서향이라 불린다. 미국 식민지 시대 때 북미 지역에 도입된 후 미국과 캐나다 일부 지역에 귀화했다. 이 식물의 수액은 피부 자극을 일으키며, 한때 얼굴에 발라 장밋빛 뺨을 만드는 데 사용되었지만 이는 혈관 손상에 의한 것으로 밝혀져 더 이상 권장되지 않는다.

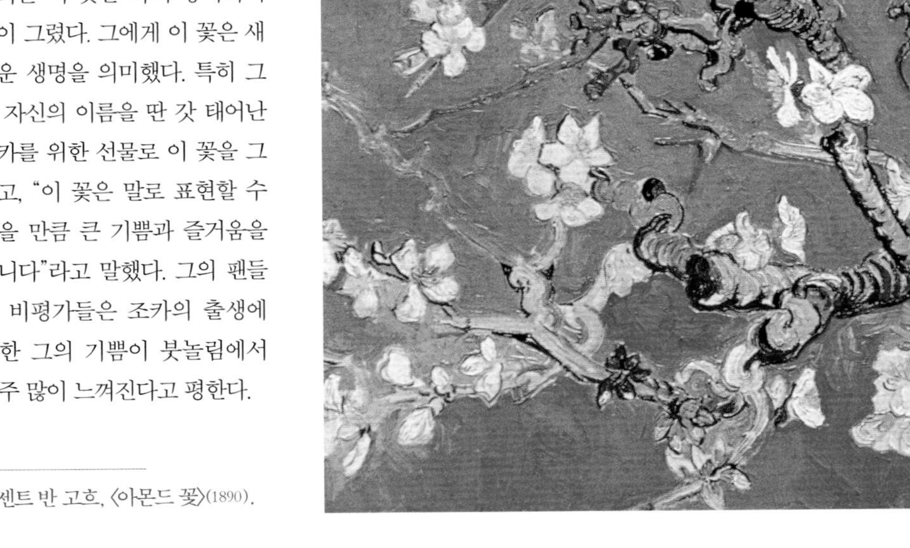

아몬드

ALMOND

Prunus amygdalus

빈센트 반 고흐는 다른 많은 꽃이 피기 전에 먼저 봄이 왔음을 알리는 이 꽃을 특히 좋아하여 많이 그렸다. 그에게 이 꽃은 새로운 생명을 의미했다. 특히 그는 자신의 이름을 딴 갓 태어난 조카를 위한 선물로 이 꽃을 그렸고, "이 꽃은 말로 표현할 수 없을 만큼 큰 기쁨과 즐거움을 줍니다"라고 말했다. 그의 팬들과 비평가들은 조카의 출생에 대한 그의 기쁨이 붓놀림에서 아주 많이 느껴진다고 평한다.

빈센트 반 고흐, 〈아몬드 꽃〉(1890).

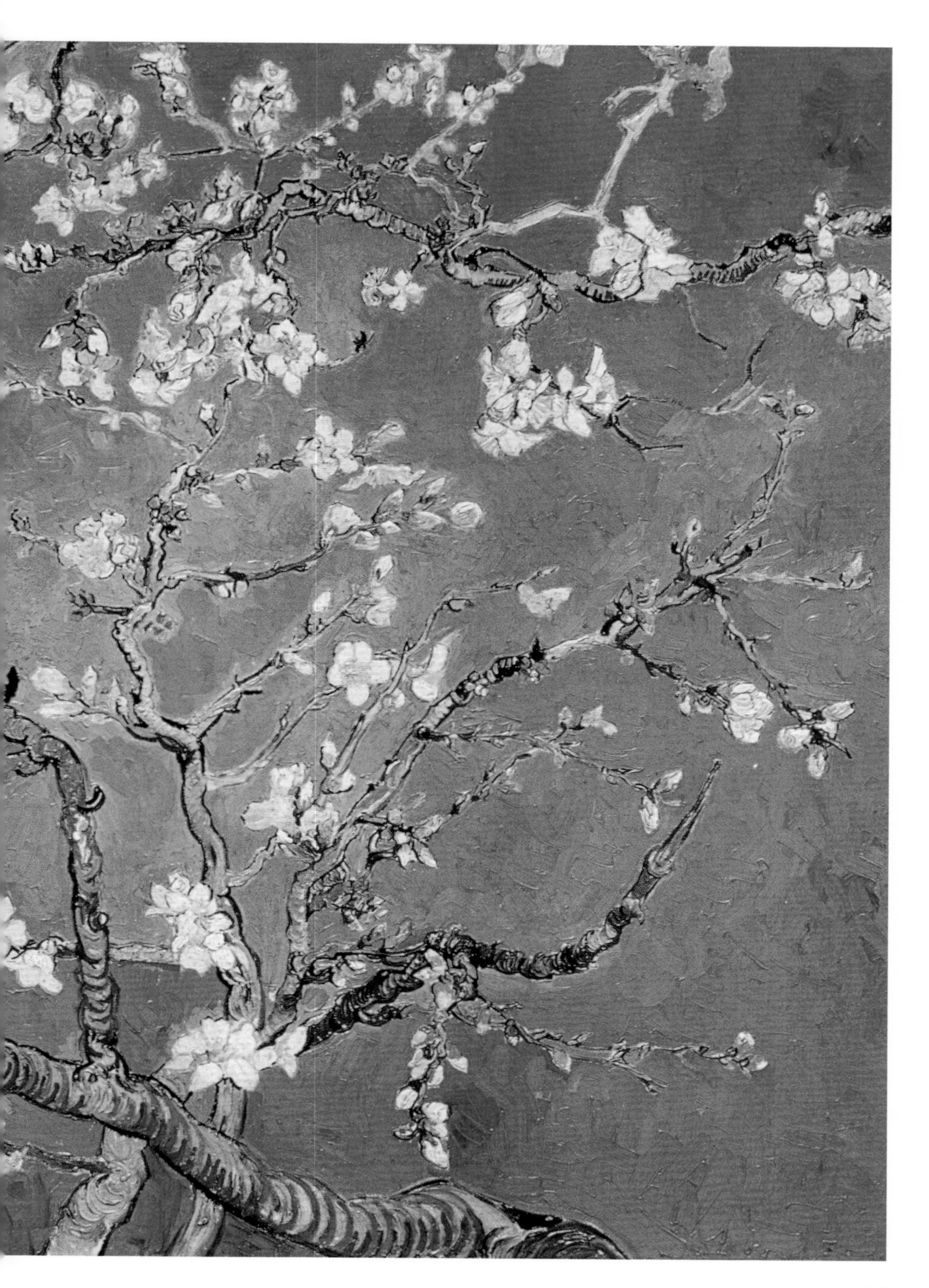

미선나무

WHITE FORSYTHIA

Abeliophyllum distichum

미선나무는 잎이 나기 전 비어 있는 줄기에서 아몬드 향이 나는 별 모양의 꽃이 핀다. 꽃이 진 다음 나는 초록 잎은 광택이 있으며 가을에 보랏빛으로 물든다. 이 식물은 한국이 원산지이고, 개나리와 사촌지간인데 가장 큰 차이점은 노란색이 아닌 흰색으로 꽃이 핀다는 점이다. 정원에서 인기가 많지만 한국에서는 과도한 채취로 야생에서 희귀해져서 국제자연보전연맹IUCN 적색 목록에 절멸 위기EN, Endanged 식물로 분류되어 있다.

잎이 나기 전 이삼월(우리나라에서는 자생지인 충북 괴산 기준 삼사월에 걸쳐 꽃이 핀다 – 옮긴이)에 걸쳐 하얀색 꽃송이들이 무리지어 달린다.

금낭화

BLEEDING HEART

Lamprocapnos spectabilis

밸런타인데이에 어울리는 낭만적인 선물인 이 식물은 두 달 후인 4월 말쯤 하트 모양의 꽃을 피울 것이다.

금낭화는 그늘에서도 잘 자라며 꽃을 피워 정원에서 인기가 많다. 시베리아, 일본, 중국 북부, 한국이 원산지이다. 1800년대 아시아에서 영국을 거쳐 북아메리카로 도입되었고, 아치를 이루는 꽃줄기에 하트 모양 꽃들이 줄지어 피어나 사랑을 받아왔다. 이 꽃은 낭만적인 사랑을 상징한다. 흰금낭화는 분홍색이 아닌 순백색의 꽃이 피어 더 현대적인 느낌을 준다. 꽃을 거꾸로 놓고 바깥쪽 꽃잎 두 장을 갈라놓으면 여인의 모습을 닮아서 '목욕하는 여인lady-in-a-bath' 이라는 이름으로도 불린다.

2월 15일

유럽사시나무

QUAKING ASPEN

Populus tremula

이 나무는 가벼운 바람에도 팔랑거리는 반짝이는 잎사귀들이 특징이다. 아시아의 추운 지역과 영국을 비롯한 유럽이 원산지이다. 암수딴그루이며 꽃은 2월 중순부터 말까지 미상 꽃차례로 핀다. 바람에 의해 꽃가루받이가 이루어진 후 여름철 동안 암꽃차례는 씨앗이 들어 있는 삭과를 방출하는데, 솜털로 덮여 있어서 모체로부터 멀리 날아가는 데 도움이 된다.

2월 16일

레티쿨라타붓꽃

EARLY BULBOUS IRIS

Iris reticulata

튀르키예, 코카서스, 이라크 북부, 이란이 원산지인 키 작은 이 꽃은 달콤한 향을 지닌다. 종명인 '레티쿨라타'는 '그물망 같다 net-like'는 뜻의 라틴어에서 유래되었는데, 각각의 알뿌리는 망사 같은 외피로 감싸져 있다. 온대 국가에서 정원식물로 인기가 많다. 이 알뿌리 식물은 내한성이 강해 추운 날씨에도 잘 살아남아 매년 다시 자란다.

오른쪽 이 강건한 수선화 품종은 이름처럼 2월에 꽃이 핀다.

왼쪽 위 솜털 같은 씨앗 뭉치가 형성되기 앞서, 미상 꽃차례의 꽃들이 이른 봄에 피어난다.

왼쪽 아래 레티쿨라타 붓꽃 '캐서린 호지킨Katharine Hodgkin'은 늦겨울에 작고 섬세한 꽃이 피는 인기 품종이다.

수선화 '페브러리 골드'

DAFFODIL 'FEBRUARY GOLD'

Narcissus 'February Gold'

이 수선화는 이른 봄 개화하는 품종으로 인기가 많다. 바깥쪽 꽃잎은 뒤로 살짝 젖혀 있어 시클라멘수선화*Narcissus cyclamineus*(시클라멘의 젖힌 꽃잎과 비슷해서 붙여진 이름)로 알려진 그룹에 속한다. 많은 사랑을 받는 이 품종은 1923년 네덜란드의 드 그라프 브라더스라는 원예 회사에서 시클라멘수선화와 수도나르키수스수선화*Narcissus pseudonarcissus*를 교배해 만들었다고 전해진다.

올분꽃나무 '돈'

VIBURNUM

Viburnum × bodnantense 'Dawn'

11월부터 3월에 걸쳐 풍성한 꽃을 피운다.

강한 향기가 나는 이 식물은 노스 웨일스에 위치한 보드넌트 가든에서 탄생했다. 현재 내셔널 트러스트 소유로 일반인에게 개방된 이 정원은 과학자이자 정치가였던 헨리 데이비스 포친이 1874년에 조성했다. 그는 이 정원에서 가족들과 함께 지내며 당시 유명한 식물 수집가들로부터 구한 새로운 식물들로 정원을 채웠다. 그중에는 어니스트 윌슨과 조지 포레스트도 있다. 1934년에는 수석 정원사 찰스 퍼들이 비부르눔 파레리*Viburnum farreri*와 비부르눔 그란디플로룸*Viburnum grandiflorum*을 교배시켜 '돈'이라는 품종을 만들었는데, 매력적인 분홍색 꽃과 보랏빛 분홍색 꽃밥이 특징이다.

에리시멈 '볼스 모브'

WALLFLOWER 'BOWLES MAUVE'

Erysimum 'Bowles's Mauve'

2월부터 10월까지 꽃이 핀다. 봄부터 등장하는 유럽갈고리나비 같은 꽃가루 매개 곤충들에게 유익하기 때문에 정원사들 사이에서 확고한 인기를 얻고 있다.

정원에서 가장 인기 있는 에리시멈 품종임에도 그 기원은 잘 알려져 있지 않다. 하지만 이 품종의 이름이 어디에서 유래되었는지는 알 수 있다. 그 주인공은 바로 영국의 가장 위대한 아마추어 정원사이자 현재의 영국 왕실과도 관련 있는 에드워드 아우구스투스 볼스(1865~1954)이다. 그는 콘월 공작부인이자 지금은 찰스 3세 국왕의 왕비인 카밀라의 첫 번째 남편이었던 앤드루 파커 볼스의 증조부이다. 볼스는 엔필드의 미들턴 하우스(현재는 대중에게 공개됨)에 중요한 정원을 만들었고, 식물에 관한 저술과 함께 직접 그린 삽화들로 정원사들을 고무시켰다.

오른쪽 《에드워드의 보태니컬 레지스터》(1847)에 수록된 사라 드레이크의 삼지닥나무 그림을 본뜬 조지 바클레이의 채색 동판화.

다음 쪽 위 겨울철 볼거리를 위해 정원에서 재배하는 이 식물은 많은 꽃이 무리 지어 매달리며 피어난다.

다음 쪽 아래 서양자두나무의 하얗고 섬세한 꽃들은 새로 돋아나는 잎과 동시에 피어난다.

삼지닥나무

PAPERBUSH

Edgeworthia tomentosa

중국과 히말라야가 원산지인 이 식물은 해마다 잎이 나기 전인 이른 시기에 풍부한 향기를 내뿜는 화사한 노란색 꽃을 피운다. 일본인들이 이 식물의 나무껍질 섬유질을 이용해 미츠마타Mitsumata라는 얇은 종이를 만들어 '페이퍼부시'라는 영명이 붙게 되었다. 이 종이는 매우 질겨 지폐를 만드는 데도 사용된다.

2월 21일

통조화

EARLY STACHYURUS

Stachyurus praecox

일본이 원산지인 통조화는 늦겨울과 이른봄 사이 잎이 나기 전에 꽃이 핀다. 풍성하게 늘어진 펜던트처럼 피는 꽃들 때문에 겨울 정원 식물로 아주 매력적이다. 이 식물의 생김새와 관련된 속명인 '스타키우루스'는 그리스어로 '옥수수 이삭'을 뜻하는 'stachys'와 '꼬리'를 뜻하는 'oura'가 합쳐진 말이다. 종명인 '프라이콕스'는 라틴어로 '매우 이르다'는 뜻으로, 꽃이 일찍 피는 식물에 흔히 붙는 이름이다.

2월 22일

서양자두나무

COMMON PLUM

Prunus domestica

2월 말부터 흰색 꽃이 피기 시작하는 이 나무는 대중적이고 쓸모가 많다. 대다수의 품종이 당분을 곁들이지 않아도 맛있게 먹을 수 있는 열매를 맺는데, 일부 품종은 그보다 다양한 맛과 크기, 정원용 식물로 육성되었다. 아시아 서남부 원산이지만 유럽에서 2천 년 넘게 재배되어왔다. 유럽에서 재배된 서양자두나무의 과육은 일본 종에 비해 수분 함량이 훨씬 더 낮아서 건자두로 저장하기에 좋다.

갯버들 '마운트 아소'

JAPANESE PINK PUSSY WILLOW

Salix gracilistyla 'Mount Aso'

2월의 정원과 풍경에 활기찬 색깔을 제공한다.

한국, 중국, 일본이 원산지인 갯버들로부터 만들어진 이 품종은 관상용 식물로 인기가 많다. 털이 많은 분홍색 미상 꽃차례는 겨울 중반부터 후반에 걸쳐 부풀어올라 다른 많은 식물이 겨울잠을 자는 시기에 색깔을 더한다. 이 품종은 일본의 절화 재배자에 의해 관상 가치가 특별히 높은 식물로 선발된 것으로 추정된다. 주로 꽃꽂이에 사용되는데, 물이 없어도 좋은 상태로 잘 유지된다.

상록풍년화

CHINESE FRINGE FLOWER

Loropetalum chinense

흰색뿐만 아니라 분홍색과 빨간색 꽃이 피는 품종들이 있으며, 2월부터 4월까지 개화한다.

풍년화와 사촌지간으로, 잘 알려지지 않은 이 식물의 원산지는 중국, 동남아시아, 일본의 숲 지대이다. 술 또는 끈 모양의 꽃이 핀다. 붉은색 잎과 분홍색 꽃이 피는 '파이어 댄스Fire Dance'나 '루비 스노우Ruby Snow'와 같이 온대 국가의 정원에서 널리 재배하는 품종들이 더 잘 알려져 있다. 속명인 '로로페탈룸'은 그리스어로 '끈'을 뜻하는 'loron'과 '잎' 또는 '꽃잎'을 뜻하는 'petalon'이 합쳐진 말로, 끈 같은 꽃 모양을 나타낸다.

가리아 엘립티카

SILK TASSEL BUSH

Garrya elliptica

1월과 2월에 미상 꽃차례를 만들어내는 인기 있는 정원 식물이다.

북아메리카가 원산지인 이 상록 관목은 매력적인 술 장식을 제공해 정원사들에게 인기가 있다. 이 식물은 빅토리아 시대 가장 유명한 식물 수집가 중 한 명인 스코틀랜드 출신 데이비드 더글러스에 의해 1828년 오리건주에서 수집되었다. 북아메리카 전역의 모피 무역을 관장했던 허드슨 베이 컴퍼니의 부총재의 이름을 따서 명명되었다. 술 장식 모양의 꽃은 거의 털로 덮여 있는데, 특히 '제임스 루프James Roof'는 회색빛 미상 꽃차례로 인기가 많다. 꽃이 진 후에도 꽃차례는 수개월 동안 그대로 매달려 있어 정원에 흥미로운 볼거리를 제공한다.

시베리아현호색

SIBERIAN CORYDALIS

Corydalis nobilis

시베리아현호색은 좌측 상단에 있다. 이 작품은 제인 루던의 저서 《제인 루던 부인의 관상용 숙근 초화류 정원》(1849)에 수록된 그림을 본떠 작업한 노엘 험프리의 다색 석판화.

이 꽃은 오늘날에도 여전히 식물분류학에 사용되는 공식적인 이명법 체계를 확립한 스웨덴 식물학자 칼 린네에 의해 유럽으로 처음 도입되었다. 중앙아시아에서 시베리아 남서부, 몽골에 걸쳐 분포한다. 린네는 그의 친구인 탐험가 에릭 락스만에게 금낭화 씨앗을 가져오도록 부탁했지만, 그는 대신 시베리아 산꼭대기에서 이 식물의 씨앗을 보내왔다. 꽃은 작은 금어초를 닮았으며, 씨앗에는 지방질이 붙어 있어 개미들이 운반하여 먹이로 삼는데, 이는 씨앗 자체에는 해를 끼치지 않으면서 씨앗을 널리 퍼뜨리는 데 도움이 된다.

2월 27일

아네모네 블란다

WINTER WINDFLOWER

Anemone blanda

그리스와 지중해 동부 원산지인 이 식물은 1890년대 초 영국에 도입되어 윌리엄 로빈슨, 거트루드 지킬 같은 정원 디자이너들에게 매우 인기가 있었다. 이 꽃은 당시 유행했던 '야생' 정원뿐만 아니라 숙근초 혼합 식재 화단에도 잘 어울린다. 로빈슨은 자신의 저서《잉글리시 플라워 가든》(1883)에서 이 식물은 "모든 정원에서 재배할 만한 가치가 있다"라고 밝히면서, 꽃의 색깔, 내한성, 아담한 크기, 그리고 이른 개화 등 이 식물의 장점을 칭송했다.

2월 28일

마취목

JAPANESE ANDROMEDA

Pieris japonica

겨울철 이 식물이 만들어내는 화려한 꽃봉오리는 다른 많은 식물이 여전히 겨울잠을 자고 있을 때 정원에 즐거움을 제공하며 하나둘씩 터지기 시작한다. 중국, 대만, 일본 일부 지역이 원산지인 이 식물은 무수히 많은 흰색 꽃들이 매달려 이삼 주에 걸쳐 지속되기 때문에 '은방울꽃 관목lily-of-the-valley shrub'이라고도 불린다. 울창한 산속에서 자연스럽게 자라며, 진달랫과*Ericaceae*에서 볼 수 있는 꽃 모양을 하고 있다.

위쪽 히로사키 공원의 다리는 벚꽃을 감상하기에 아주 훌륭한 조망 지점이다.

왼쪽 위 아네모네 꽃은 2월 말부터 3월과 4월에 걸쳐 화창한 날 활짝 개화한다.

왼쪽 아래 마취목 '도로시 와이코프 Dorothy Wyckoff'.

왕벚나무 '소메이요시노'

CHERRY

Prunus × yedoensis 'Somei-yoshino'

일본에서 벚꽃은 '사쿠라'라고 불리며 매우 중요한 꽃으로 여겨진다. 꽃이 피는 시기는 봄의 시작을 의미할 뿐 아니라 아이들이 새 학년을 맞이하는 때이기도 하다. 벚꽃은 새로운 시작을 상징하는데, 꽃이 2주밖에 지속되지 않는다는 사실은 삶이 얼마나 아름답고도 짧은지, 그리고 감사할 만한 가치가 있는지 상기시킨다. 개화 시기에 친목을 도모하는 모임이 밤낮으로 열리는데, 친구들과 가족들이 함께 모여 나무 아래에서 벚꽃을 감상하며 먹고 마신다.

2 q. gauda.
4 q. bol.
5 p. Doria.

튤립 '셈페르 아우구스투스'

TULIP 'SEMPER AUGUSTUS'

Tulipa 'Semper Augustus'

유리 꽃병에 분홍 장미와 함께 그려진 튤립. 얀 필립 반 텔렌(1618~1667)의 작품. 캔버스에 유화.

원래 중앙아시아의 야생화였던 튤립은 페르시아에서 귀하게 여겨졌고 15세기 오스만 제국의 상징이었다. 하지만 17세기 네덜란드인들은 이 식물에 너무나 열광한 나머지 튤립 알뿌리를 구하는 데 막대한 금액을 지불했고 결국 네덜란드에서 튤립 파동Tulip Mania이 일어나게 되었다. '셈페르 아우구스투스'로 알려진 줄무늬 튤립이 가장 높은 가격을 기록했는데, 다른 줄무늬 튤립과 마찬가지로 튤립 브레이킹 바이러스tulip breaking virus로 인해 나타난 현상이었다. 이는 또한 식물을 약하게 만들기도 했다. 당시 이 튤립은 알뿌리 하나가 웬만한 집 한 채 값과 맞먹을 정도의 가치를 지니고 있었다.

수도나르키수스수선화

WILD DAFFODIL

Narcissus pseudonarcissus

봄을 환영하는 표징으로 여겨지는 야생 수선화는 3월에 풀밭 가장자리, 습한 삼림지대, 목초지에 모습을 드러낸다.

저 높은 계곡과 언덕 위를 떠다니는 구름처럼,
나는 외롭게 떠돌아다녔다.
갑자기 황금색 수선화 한 무리를 보았다.
호수 옆, 나무 아래서,
산들바람에 흔들리며 춤을 추고 있었다.

– 윌리엄 워즈워스, 〈나는 구름처럼 외롭게 떠돌았다〉(1804) 중에서

영국 낭만주의 시 가운데 고전인 이 유명한 시의 첫 번째 연은 낭만주의(1800~1850년경) 예술 운동의 중요한 측면인 인간과 환경의 영적 상호작용을 포착해낸다. 이 시는 워즈워스가 여동생 도로시와 함께 레이크 디스트릭트에 위치한 집 인근 지역에서 드넓은 야생 수선화 군락을 우연히 발견했을 때의 영감을 담았다.

카르다미네 트리폴리아

THREE-LEAVED CUCKOO FLOWER

Cardamine trifolia

《고산 식물 지도책》(1882)에 수록된 이 식물 세밀화는 세 장의 작은 잎을 가진 꽃을 보여주고 있다.

전 세계 많은 지역이 원산지인 이 식물은 냉이 같은 작은 꽃을 피우는데, 빠르면 3월 초에 개화가 시작된다. '트리폴리아'라는 종명은 잎이 세 장의 작은 잎으로 구성된 것을 나타낸다. 그늘이나 어느 정도의 가뭄에도 강해서 까다로운 숲 지대의 관상용 지피 식물로 사용된다. 황새냉이의 한 종류로, 예쁘고 주름진 흰 꽃이 핀다.

실라 포르베시

GLORY-OF-THE-SNOW

Scilla forbesii

3월과 4월에 모습을 드러내며, 가장 일찍 개화하는 알뿌리 식물 중 하나다.

튀르키예, 크레타, 키프로스의 산악 지대가 원산지인 이 식물은 아주 이른 시기에 종종 쌓인 눈을 뚫고 피어나는 꽃 때문에 '눈의 영광Glory-of-the-Snow'이라는 영어 이름을 갖게 되었다. 각각의 식물은 최대 12송이까지 무리 지어 피어나는 별 모양의 꽃을 갖는다. 잔디밭 정원이나 암석원, 숲 가장자리에서 잘 자란다. 어미 알뿌리 옆쪽으로 새끼 알뿌리들이 생겨나면서 더 넓게 퍼지며 자란다.

유다박태기나무

JUDAS TREE

Cercis siliquastrum

3월을 맞아 빈 가지에 꽃을 피운다. 사진 속 인기 품종인 '보드난트Bodnant'는 정원의 다른 작은 관목들 사이에서 눈길을 끄는 나무로 재배된다.

지중해 숲 지대 원산의 이 식물은 보랏빛을 띠는 분홍색 꽃이 풍성하게 피어 종종 관상용 식물로 재배된다. 잎이 나기 전에 빈 가지에 무수히 많은 꽃이 달려 장관을 이룬다. 가룟 유다가 예수를 배신하고 이 나무에 목매달아 죽었다는 전설 때문에 보통명에 '유다'라는 이름이 붙었다. 하지만 이 나무는 또한 예루살렘 주변에 흔히 재배되었기 때문에 '고대 유대의 나무Arbor Judea'라는 이름에서 유래되었다는 설도 있다.

3월 6일

당개나리

WEEPING FORSYTHIA

Forsythia suspensa

인기 정원 식물인 서양개나리 *Forsythia × intermedia*의 모본인 당개나리는 중국이 원산지이다. 이 식물은 18세기 말 일본의 정원에서 발견되어 네덜란드와 영국으로 판매되기 시작했다. 열매는 전통적으로 중국, 한국, 일본에서 염증을 치료하기 위해 사용되었다. '부활절 나무'로 알려진 이 식물은 기대감을 상징한다. 겨우내 비어 있던 나뭇가지에 활기를 북돋아주는 노란 꽃들이 가득 피어난 후 잎들이 나기 때문이다.

오른쪽 머리에 치자꽃을 꽂고 있는 빌리 홀리데이. 윌리엄 고트리브의 사진(1936년경).

왼쪽 당개나리는 이른 봄에 화사한 꽃을 피운다.

치자나무

COMMON GARDENIA

Gardenia jasminoides

중국 남부와 일본이 원산지인 치자나무는 진한 향기로 유명하다. 자극적인 꽃향기는 향수에 쓰이는 비싼 원료이다. 그 향을 재현하기 위해 종종 합성향료를 사용하거나, 재스민과 오렌지 꽃 같은 다른 흰색 꽃들의 혼합물을 사용한다. 미국의 재즈 가수 빌리 홀리데이는 처음엔 고데기에 탄 부분을 감추기 위해 머리에 치자꽃을 꽂다가 그 모습이 마음에 들어 공연 때마다 사용하기 시작했다.

미모사아카시아

MIMOSA

Acacia dealbata

국제 여성의 날 기념행사의 일환으로 피렌체에 있는 미켈란젤로의 다비드상 머리 주변을 이 꽃으로 장식하고 있다.

호주 남동부 원산인 이 나무의 꽃은 플로리스트들이 즐겨 사용한다. 국제 여성의 날인 3월 8일에 유럽 일부 국가와 미국에서 선물로 쓰이는 꽃이기도 하다. 하지만 이날은 원래 1917년 러시아 상트페테르부르크의 여성들이 제1차 세계대전에 대한 러시아의 개입과 식량 배급 제도에 반대하여 시위를 벌였던 것에 그 기원을 두고 있다. 제2차 세계대전이 끝난 후인 1946년 이탈리아 여성들이 미모사아카시아 꽃다발을 선생님, 어머니, 자매, 아내에게 선사하며 그날을 기념하기 시작했다. 미모사아카시아는 힘, 감수성, 세심함을 상징한다.

에리시멈 비콜로르

WALLFLOWER

Erysimum bicolor

거의 연중 개화하는 이 식물은 정원에서 더 흔히 재배하는 품종 '볼스 모브 Bowles Mauve'의 야생 친척이다.

십자화과에 속하며 '월플라워'라는 영명으로 불리는 이 식물은 오래된 벽이나 절벽에 자라며, 꽃은 충절을 상징한다. 개화기가 길기 때문에 꽃가루 매개자들에게 좋은 꿀 공급원이다. 지중해 지역으로부터 도입된 것으로 추정되지만 워낙 오래전부터 정원에서 재배되어 정확한 원산지는 확실치 않다. 수줍음이 많고 사회활동에서 주변부에 머물러 있는 사람을 벽에 자라는 이 꽃 같다고 하여 '월플라워'라고 부르기도 한다.

이리스 다마스케나

SPECIES IRIS

Iris damascena

이집트 룩소르 인근 카르나크에 있는 투트모세 3세 왕의 신전 석상. 레오백인스티튜트 기록 보관소 소장 사진(1930년대).

이집트의 왕 투트모세 3세(기원전 1479~1426년경)는 붓꽃의 열렬한 팬이었으며, 아마도 붓꽃을 정원 식물로 사용한 최초의 사람들 중 하나였을 것이다. 그가 시리아를 정복하는 동안 발견한 예상치 못한 보물들은 그곳에 자라고 있는 다양한 붓꽃 종류였다. 그는 그 붓꽃들을 고국으로 가져왔고, 그것들은 이집트인들에게 삶의 본질과 부활을 상징하는 매우 인기 있는 식물이 되었다. 그들은 붓꽃의 세 꽃잎이 믿음, 지혜, 용기를 상징한다고 믿었다.

푸시키니아 스킬로이데스

STRIPED SQUILL

Puschkinia scilloides

이 꽃은 봄을 알리며 3월에 모습을 드러내기 시작한다.

서아시아와 코카서스 원산의 이 식물에는 러시아의 화학자이자 식물 수집가인 아폴로스 아폴로소비치 무신푸시킨 백작의 이름이 붙었다. 그는 1800년대 초 식물 탐험 도중 이 식물을 우연히 발견하여 유럽의 정원에 소개했다. 이 꽃은 매콤한 향이 나며 각 꽃잎에 파란 줄무늬가 있어 인기가 많다. 작은 알뿌리로 자라며 정원 화단 앞쪽이나 숲 환경에 널리 사용된다.

오른쪽 3월과 4월에 걸쳐 숲과 정원에 모습을 드러낸다.

다음 쪽 위 호주에서 한여름과 가을에 걸쳐 꽃을 피운다.

다음 쪽 아래 먹을 수 있으며, 향을 내거나 케이크를 장식하는 데 사용된다.

덴스카니스얼레지

Dog's Tooth Violet

Erythronium dens-canis

이 식물의 영명에 있는 '개 이빨Dog's Tooth'이라는 말은 꽃 모양보다 길고 하얀 알뿌리 모양 때문에 생겨났다. 얼레지속*Erythronium* 중에서는 유일하게 유럽 중부와 남부가 원산지이다. 각 알뿌리는 봄이 시작될 무렵 흰색, 분홍색, 연보라색 꽃을 한 송이씩 피운다. 잎은 먹을 수 있어 샐러드로 애용되어왔으며 다양한 품종의 알뿌리는 일본을 포함한 전 세계 다양한 지역에서 파스타와 면을 위한 전분을 만드는 데 사용된다.

3월 13일

방크시아 박스테리

BIRD'S NEST BANKSIA

Banksia baxteri

이 식물은 호주 서부에서만 발견되는데, 양분이 매우 부족한 모래 언덕에서 자란다. 새 둥지처럼 생긴 담황색의 인상적인 타원형 수상 꽃차례 때문에 플로리스트들에게 인기가 있다. 방크시아는 열악한 양분 조건에서 적응하여 살아남기 위해 프로테오이드proteoid 뿌리라고도 알려진 클러스터cluster 뿌리를 만든다. 이 뿌리는 부엽층 바로 아래 두꺼운 매트 형태로 형성되는데, 토양을 화학적으로 바꾸어 영양소가 더 잘 용해되게 함으로써 양분 흡수를 높일 수 있다.

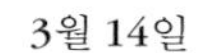

3월 14일

향기제비꽃

SWEET VIOLET

Viola odorata

숲 가장자리에 자라는 향기제비꽃은 개제비꽃*Viola riviniana*과 거의 비슷하게 생겼지만 향기가 나며 덜 흔하다. 꽃은 보통 파란색이지만 흰색 또는 연보라색도 있다. 전설에 따르면 향기제비꽃의 향기는 오직 한 번만 맡을 수 있다. 왜냐하면 향기제비꽃이 당신의 후각을 훔쳐가기 때문이다. 이것은 일부 맞는 말이기도 한데, 향기제비꽃은 베타아이오논Beta-ionone이라는 화학물질을 함유하고 있어 후각 수용체를 일시적으로 차단시킨다.

틸란드시아 이오난타

AIR PLANT

Tillandsia ionantha

나뭇가지에 붙여 전시할 수 있다. 이 사진 속에서는 또 다른 인기 있는 공중 식물인 수염틸란드시아 Spanish moss와 함께 자라고 있다.

파인애플과에 속하는 이 식물은 중앙아메리카와 멕시코가 원산지로, 플로리다 일부 지역에 귀화한 것으로 보인다. 실내 식물로 인기가 많은데, 밝고 습한 공간이나 욕실 등에서 잘 자란다. 이 식물은 대기와 빗물로부터 수분과 양분을 흡수하며, 다채로운 꽃을 피운다. 야생에서는 습도가 높은 환경을 좋아하여 나무에 붙어 자란다. 어미 식물은 개화 후에 천천히 죽어가기 시작하지만 작은 새끼 식물들이 생겨나 계속해서 자란다.

호랑버들

PUSSY WILLOW

Salix caprea

성숙한 수꽃 미상 꽃차례에서 볼 수 있는 노란 꽃가루.

염소버들goat willow이라고도 알려진 이 식물은 수꽃과 암꽃이 서로 다른 나무에 달린다. 각각의 나무가 성이 다른 셈이다. 미상 꽃차례로 피는 꽃은 꽃잎이 없다. 수꽃은 털이 보송보송한 회색빛 고양이 발처럼 생긴 타원형의 패드처럼 생겼다. 그래서 '고양이버들pussy willow'이라는 영명으로 불리기도 한다. 수꽃은 성숙함에 따라 꽃가루가 발달하여 노란색으로 변한다. 암꽃 미상 꽃차례는 더 길어지며 초록색을 띤다. 이 식물은 바람에 의해 꽃가루받이가 일어나며 암꽃은 나중에 털이 많은 씨앗들로 발달한다. 수그루의 나뭇가지는 플로리스트들이 꽂꽂이 장식용으로 많이 사용한다.

토끼풀

WHITE CLOVER

Trifolium repens

토끼풀은 영국, 유럽, 중앙아시아 초지대에 흔히 자라는 식물이다. 잎은 섐록shamrock이라고 알려진 상징에 쓰인다. 각각의 잎은 보통 세 장의 작은 잎으로 이루어져 있는데, 때때로 네 장을 가진 토끼풀을 발견하면 행운이라 여긴다. 잔디밭에 토끼풀이 자라면 꽃가루 매개자들에게 큰 도움이 된다. 토끼풀은 연푸른부전나비를 위한 먹이식물일 뿐만 아니라 그 꽃은 꿀이 풍부해 호박벌과 꿀벌에게 아주 매력적이다.

헬리오트로프

HELIOTROPE

Heliotropium arborescens

위쪽 헬리오트로프는 3월에 보라색 꽃들이 무리 지어 핀다.

왼쪽 아일랜드 킬케니 성당 창문 스테인드 글라스 작품 속에서 토끼풀을 들고 있는 성 패트릭을 볼 수 있다.

전 세계적으로 인기 있는 정원 식물인 헬리오트로프는 볼리비아, 콜롬비아, 페루가 원산지이다. 달콤한 향기를 지닌 꽃이 무리 지어 핀다. 속명인 '헬리오트로피움'은 그리스어로 '태양'을 뜻하는 'helios'와 '바꾸다'라는 뜻의 'tropos'가 합쳐진 말이다. 해바라기와 마찬가지로 헬리오트로프의 꽃이 태양을 쫓아 방향을 바꾼다고 잘못 믿어졌기 때문이다. 호주에서 헬리오트로프는 침입성 식물이 되어 방목지에 문제를 일으키고 있는데, 양, 소, 말에게 독성이 있다.

물범부채

CRIMSON FLAG LILY

Hesperantha coccinea

남아프리카공화국의 야생에서 늦여름과 가을철에 걸쳐 핀다.

붓꽃과에 속하는 이 식물은 아프리카 남부와 짐바브웨가 원산지이지만 유럽에서 인기 있는 정원 식물이기도 하다. 별 모양의 선홍색 꽃이 피며, 속명인 '헤스페란타'는 '저녁 꽃'이라는 뜻이다. 테이블마운틴뷰티Table Mountain beauty 같은 커다란 나비와 특정 파리들이 이 꽃을 수분시킨다. 물 근처나 습지 가장자리에서 자라기도 하여 '리버 릴리river lily'라고도 알려져 있다.

매우 향기가 좋은
이 꽃은 야생 혹은
유럽의 정원에서
많이 볼 수 있다.

히아신스

COMMON HYACINTH

Hyacinthus orientalis

튀르키예 중부와 남부, 시리아 북서부와 레바논이 원산지이며, 전 세계 여러 지역의 야외 정원과 실내에 모두 널리 재배되고 있다. 보통 인공적으로 온도를 따뜻하게 하여 일찍 꽃을 피우도록 촉성 재배를 한다. 민간에 전해지는 이야기에 따르면, 신선한 히아신스 꽃향기를 맡으면 우울감과 슬픈 감정을 없애는 데 도움이 되고, 심지어 악몽을 예방할 수도 있다고 한다. 그리스 전설에 따르면, 이 꽃은 아폴론 신과 논쟁을 벌이던 중 죽음을 맞이한 히아킨토스의 피로부터 자라났다고 한다. 하지만 이 이야기에서 정확히 어떤 꽃이 실제로 언급되었는지에 대해서는 논란의 여지가 있다.

프리물라 '골드 레이스드'

POLYANTHUS 'GOLD LACED'

Primula 'Gold Laced'

위쪽 황금색 중심부와 극적인 대비를 이루는 꽃잎을 가지고 있다.

오른쪽 위 상록 식물인 털마삭줄은 봄에 향기로운 꽃들이 풍성하게 피어난다.

오른쪽 아래 명자꽃은 매우 아름다운 선홍색 꽃을 피운다.

개별적인 꽃들이 각각 하나의 줄기에 달리는 프리물라와 달리 이 품종은 굵은 줄기에 여러 꽃들이 피어난다. 이 품종은 프리물라 베리스*Primula veris*와 프리물라 불가리스*Primula vulgaris* 사이의 자연 교잡을 통해 만들어진 프리물라 폴리안타*Primula × polyantha*의 한 종류이다. 이 식물의 화려한 꽃이 인기를 끌게 되면서 17세기에 '폴리안투스 polyanthus'('꽃이 많다'라는 뜻 – 옮긴이)라는 말이 처음 등장했다. 빅토리아 시대 사람들은 특히 꽃잎에 황금색과 검정색이 함께 들어 있는 이 '골드 레이스드' 품종을 좋아했다.

3월 22일

털마삭줄

STAR JASMINE

Trachelospermum jasminoides

영명은 '스타 재스민'인데 실제 재스민 종과는 무관하다. 재스민과 비슷하면서 키우기는 훨씬 더 쉽다. 더 추운 날씨를 견딜 수 있으면서도 꽃은 재스민과 매우 유사한 향기를 지닌다. 많은 지역에서 겨울에도 지상부가 죽지 않는다. 중국과 일본이 원산지이며, 향수에 사용되는 오일의 재료이다. 또한 우즈베키스탄에서는 '상인의 나침반'이라고 불리는데, 여행 중인 상인이 좋은 성격이면 이 식물이 올바른 방향을 가리켜줄 것이라는 설 때문이다.

3월 23일

명자꽃

CHINESE QUINCE

Chaenomeles speciosa

동아시아 원산의 이 낙엽성 관목은 잎이 나기 전에 전년도 혹은 묵은 가지에서 화려한 선홍색 꽃들이 피어나 장관을 이룬다. 이 때문에 보통 이 나무를 벽을 타고 자라게 하여 가장 효과적으로 꽃을 즐긴다. 꽃이 진 후 이 식물은 황록색 열매를 맺는데, 날로 먹으면 쓴맛이 나지만 담가서 보존 식품으로 만들어 먹으면 모과와 아주 비슷한 맛이 난다.

관동화

COLTSFOOT

Tussilago farfara

관동화는 꽃눈을 발달시켜 이른 봄 잎이 나기 전에 꽃을 피운다. 그래서 가끔씩 선-비포-파더son-before-father라 불린다.

밝은 노란색의 데이지 같은 이 꽃은 봄에 잎이 나기 전에 핀다. 잎 자체도 아랫면이 은백색을 띠어 매력적이다. 이 식물은 역사적으로 기침 치료제로 쓰였고, 그래서 때때로 기침풀coughwort이라 불린다. 하지만 사실 이 식물은 사람의 간에 독성이 있는 것으로 밝혀졌다. 멀게는 1세기 대大플리니우스까지 거슬러 올라가, 박물학자들은 이 식물을 담배로 말아 피우면 좋은 효능을 볼 수 있다고 추천했다. 비록 사실이 아닌 것으로 판명되긴 했지만 이 식물은 담배 대용으로 계속 사용되었다.

광귤의 식물 세밀화 채색 동판화. 로네의 《애호가를 위한 일반 식물도감》(1820)에서 발췌.

광귤

SEVILLE ORANGE

Citrus × aurantium

'세비야 오렌지'라고도 불리는, 매우 향기로운 광귤의 꽃은 행운과 관련이 있다. 꽃잎으로 오렌지 꽃물orange water을 만드는데, 프랑스와 중동 요리, 특히 디저트와 베이커리에 자주 사용된다. 오렌지 나무 숲 인근에 벌집을 옮겨 두면 오렌지 꽃꿀로 알려진 매끈한 꿀을 얻을 수 있다. 부드럽고 달콤할 뿐만 아니라 비타민 C까지 풍부하게 들어 있다.

유럽블루베리

BILBERRY

Vaccinium myrtillus

사진 속에 보이는 핀란드의 히스랜드 같은 곳이나 숲 지대에서 잘 자란다.

우리가 식료품점에서 구입하는 블루베리의 야생 친척인 유럽블루베리에는 혈액순환에 좋은 안토시아닌이 더 많이 들어 있다. 이는 맛과 크기를 개선하기 위해 어쩔 수 없이 영양 성분을 잃게끔 육종되지 않았기 때문이다. 유럽블루베리는 북유럽 대륙, 영국 제도와 아시아 북부, 북아메리카 서부가 원산지이다. 흰색의 작은 꽃은 관 모양이며 꽃이 진 후 먹을 수 있는 열매가 달린다. 제2차 세계대전 당시 군인들이 야간 시력을 향상하기 위해 유럽블루베리를 먹었다고 전해지는데, 오늘날에도 여전히 일부 조종사들이 같은 이유로 이 열매를 먹는다.

털모과

QUINCE

Cydonia oblonga

프란체스코 디 조르조 마르티니의《오이노네와 파리스 이야기》(1460년경)에 수록된 그림 속에서 파리스가 아프로디테에게 황금 사과(털모과)를 주고 있다.

이 작은 나무는 서아시아가 원산지이다. 꽃이 피려면 적어도 2주 동안 섭씨 7도 이하의 온도 조건이 필요하다. 꽃눈 하나당 하나의 꽃이 분홍색과 흰색으로 핀다. 그리스 신화에서 파리스가 아프로디테에게 준 '황금 사과'는 털모과였다고 전해지며, 최음제로 평판이 높아 오늘날에도 여전히 그리스에서는 웨딩 케이크로 만들어지고 있다.

프리틸라리아 임페리알리스

CROWN IMPERIAL

Fritillaria imperialis

땅속 비늘줄기에서 꽃줄기가 자라나 봄철 화려한 꽃을 피운다.

아시아 남서부와 히말라야 산맥에 걸쳐 자생하는 이 꽃은 대담하고 매력적이어서 전 세계 꽃 전시에서 중요하게 사용된다. 밝고 화사한 주황색 꽃들이 식물체 맨 위쪽에 매달려 피어나는데, 안쪽을 들여다보면 각각의 꽃들이 가진 여섯 개의 꿀샘들에 꿀 방울들이 맺혀 있다. 이란의 민간전승에서 이 식물은 사랑하는 사람, 혹은 종교나 신화 속 신들의 죽음에 대한 슬픔과 연관되어 있는데, 아래쪽으로 축 늘어진 꽃 뭉치와 '눈물' 같은 꽃꿀이 그것을 나타내고 있다.

유럽할미꽃

PASQUEFLOWER

Pulsatilla vulgaris

부활절 꽃으로 알려진 유럽할미꽃은 영국이 원산지인데, 지금은 희귀해졌지만 백악질과 석회질이 많은 초지대에서 여전히 발견된다.

부활절 무렵 피어나는 이 꽃은 '열정의 아네모네anemone of Passiontide' 라고도 알려져 있다. 유럽과 서남아시아가 원산지이며, 털이 많은 꽃이 지면 위에 모습을 드러낸다. 초지대 관리 방식의 변화, 특히 18세기 이후 방목 동물 개체수 감소로 인해 오늘날 영국에서는 보기 드문 식물이다. 영국에서 이 식물은 전쟁으로 얼룩진 과거사와 관련이 있다. 전설에 따르면, 이 꽃은 로마인 혹은 덴마크인 병사들이 피 흘린 장소에서 피어났다고 하는데, 주로 둑 경계에서 발견되기 때문이다.

후엽꽃돌부채

HEART-LEAF BERGENIA

Bergenia crassifolia

인기 정원 식물로, 늦겨울부터 봄에 이르기까지 꽃을 볼 수 있다.

엄지손가락과 검지손가락 사이로 잎을 문지를 때 돼지가 꽥꽥거리는 것 같은 소리가 나서 '피그 스퀴크pig squeak'라고 알려져 있다. 잎의 모양 때문에 '엘리펀트 이어elephant's ears'라고 불리기도 한다. 이 식물은 중앙아시아 원산이지만 온대 국가에서 정원 식물로 널리 재배된다. 가죽 같은 커다란 잎은 심장 모양의 로제트rosettes(근생엽이 방사상으로 땅 위에 퍼져 무더기로 나는 그루-옮긴이)를 형성하며 나는데, 이전 종명이었던 '코르디폴리아*cordifolia*'는 라틴어로 '심장 모양의 잎을 가졌다'라는 뜻이다.

아네모네 코로나리아

Poppy Anemone

Anemone coronaria

아네모네 코로나리아의 화려한 꽃은 3월에 모습을 드러내기 시작한다.

원래 아프리카 북부, 유럽 남부, 서아시아가 원산지인 이 식물은 오늘날 전 세계 정원에서 인기 있는 꽃으로 재배 중이다. 2013년부터 이스라엘의 나라꽃이 되었고, 매년 개화기에 맞추어 한 달 동안 축제가 열린다. 히브리어 이름인 '칼라니트kalanit'는 신부를 뜻하는데, 이 꽃이 결혼식 날 신부만큼이나 아름답다는 것을 시사한다.

오드리 2세

AUDREY II

〈Little Shop of Horrors〉(1986)

영화 〈흡혈 식물 대소동〉 홍보 포스터에서 다른 배역들과 함께 그려진 오드리 2세.

미국 뉴욕에서 일하는 플로리스트 오드리의 이름을 딴 이 희귀한 파리지옥은 인간의 피를 먹고 자라며 몸 전체를 삼켜 소화시킬 수 있다. 조건만 맞으면 비정상적인 속도와 크기로 자란다. 외계 공간에서 온 이 식물은 감전에 취약해서, 특히 다루기 쉽지 않은 이 식물 개체를 통제하고 파괴하는 데 이 방법을 사용할 수 있다.

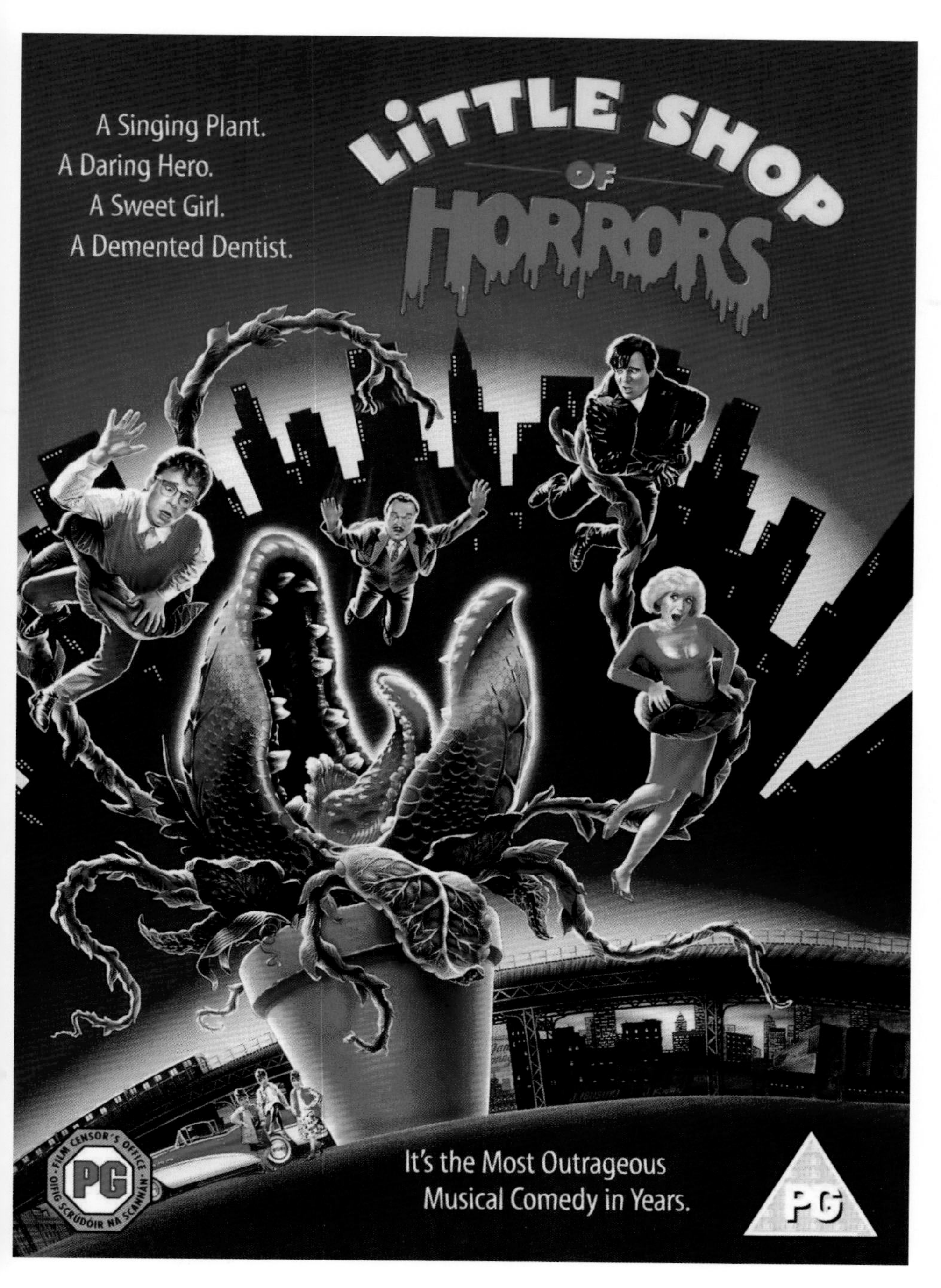
A Singing Plant.
A Daring Hero.
A Sweet Girl.
A Demented Dentist.
LITTLE SHOP OF HORRORS
FILM CENSOR'S OFFICE
PG
OIFIG SCRÚDÓIR NA SCANNÁN
It's the Most Outrageous
Musical Comedy in Years.
PG

사두패모

SNAKE'S HEAD FRITILLARY

Fritillaria meleagris

지금은 보기 드문 풍경이지만, 4월부터 5월까지 습한 목초지에서 꽃을 피운다.

유럽과 서아시아가 원산지이며, 영국에서 주로 발견된다. 이 특이한 식물의 보라색, 분홍색 또는 흰색의 종 모양 꽃은 한때 템스강 같은 강가에서 흔히 볼 수 있었는데, 어린이들이 꽃을 꺾어다가 꽃시장에 팔곤 했다. 하지만 너무나 많은 야생화 목초지가 사라지면서 이제 이 꽃을 발견하기가 좀처럼 쉽지 않게 되었다. 아래쪽으로 고개를 숙인 꽃의 모양과 비늘 같은 무늬 때문에 국명과 영명 모두 뱀 머리를 뜻하고 있다.

플루메리아 루브라

FRANGIPANI

Plumeria rubra

폴리네시아 소녀가 플루메리아 꽃으로 만든 레이스를 목에 걸고, 왼쪽 귀에도 이 꽃을 꽂고 있다.

중앙아메리카와 멕시코가 원산지인 이 꽃은 장미나 재스민에 버금가는 아주 기분 좋은 향기를 지니고 있다. 꽃가루받이를 돕는 나방을 유혹하기 위해 주로 밤에 향을 낸다. 하와이 같은 태평양 섬들에서는 이 꽃이 멜리아melia라고 알려져 있으며, 레이스leis라고 부르는 화환을 만드는 데 사용된다. 현대의 폴리네시아 문화권에서는 만약 여성이 왼쪽 귀에 이 꽃을 꽂으면 애인이 있다는 뜻이고, 오른쪽 귀에 꽂으면 아직 싱글이라는 뜻이다.

블루벨

ENGLISH BLUEBELL

Hyacinthoides non-scripta

위쪽 온화한 봄날, 블루벨은 4월 초부터 꽃 피기 시작한다.

오른쪽 위 4월이면 참오동나무의 가지마다 섬세한 꽃들이 피어나 장관을 이룬다.

오른쪽 아래 4월과 5월에 걸쳐 꽃들로 뒤덮인다.

아주 오래된 고대의 숲 지대에서 발견된다. 파란빛 카펫을 이루며 피어나는 이 꽃들은 다른 많은 야생화보다 먼저 모습을 드러내며 특히 화창한 날에는 은은한 꽃향기까지 내뿜는다. 빅토리아 시대 사람들이 '스패니시 블루벨Spanish Bluebell'을 영국에 도입했는데, 오늘날 이 식물은 훨씬 더 왕성하게 자라고 교잡까지 일으켜 영국 자생 블루벨을 위협하고 있다. 스패니시블루벨은 꽃줄기 주위로 골고루 꽃들이 달리는 반면, 블루벨은 꽃줄기가 기울어지며 한쪽으로만 꽃들이 달린다. 전 세계 블루벨 개체의 거의 절반이 영국에 분포한다.

4월 5일

참오동나무

FOXGLOVE TREE

Paulownia tomentosa

'황후의 나무'라고도 알려진 이 나무는 디기탈리스Foxglove를 닮은 커다란 꽃들이 나무 전체에 가득 피어나 장관을 이룬다. 일본에서는 딸이 태어났을 때 관례로 이 나무를 심었는데, 매우 빨리 자라서 딸이 결혼할 즈음이면 나무를 베어 혼수로 보낼 목제품을 만들기에 충분했기 때문이다. 신부는 또한 결혼식 날에 이 나무를 깎아서 만든 궤를 선물로 받았다.

4월 6일

꽃산딸나무

FLOWERING DOGWOOD

Cornus florida

낙엽성의 이 작은 나무는 북아메리카 동부 지역이 원산지이다. 아메리카 대륙 원산의 나무들 가운데 가장 아름다운 나무 중 하나로 여겨지며 미주리주와 버지니아주를 상징하는 나무이다. 꽃은 사실 노란 빛이 도는 녹색으로 아주 작게 피지만, 흰색 꽃잎처럼 생긴 포엽이 각각의 꽃을 둘러싸고 있어 마치 커다란 꽃처럼 보인다. 낮게 가지를 치는 이 나무의 습성 또한 봄맞이 꽃 감상을 쉽고 편하게 해준다.

4월 7일

유럽만병초

COMMON RHODODENDRON

Rhododendron ponticum

'장미 나무rose tree'를 뜻하는 고대 그리스어에서 유래한 로도덴드론에는 수많은 종들이 있다. 유럽만병초는 유럽 남서부와 서아시아 지역이 원산지이다. 많은 씨앗을 생산할 수 있는 능력과 빠르게 새싹을 틔우는 뿌리로 인해 서유럽 많은 지역과 뉴질랜드에서는 침입성 식물이 되었다. 또한 이 종과 일부 다른 종들의 꽃꿀에는 그레이아노톡신이 들어 있는데, 꿀벌들이 이를 섭취하게 되면 소위 '미친 꿀mad honey'을 생산하게 된다. 이는 인간에게 독성이 있다는 사실이 밝혀졌다.

스코틀랜드의 노스웨스트 하이랜드에 있는 토리든 힐스Torridon Hills에서처럼 유럽만병초는 빠르게 퍼지며 자란다.

개량사과나무

APPLE

Malus domestica

위쪽 여러 품종의 개량사과나무 꽃은 2월부터 5월에 걸쳐 서로 다른 시기에 피어나는데, 대부분 4월에 만개한다.

오른쪽 매력적인 볼거리를 제공하는 프리틸라리아 라데아나는 4월과 5월 사이에 개화한다.

대개 사과나무는 자가 수분이 어렵기 때문에 열매를 맺기 위해서는 근처에 다른 품종의 사과나무가 있어야 한다. 대부분의 사과나무 꽃은 분홍색으로 피기 시작해 시간이 지나면서 흰색으로 변한다. 사랑, 평화, 다산의 상징인 이 꽃은 켈트족이 낭만적인 분위기를 내기 위해 방을 장식하는 데 사용하기도 했다. 사과나무 꽃은 또한 겨울과 기나긴 인생뿐만 아니라 죽음 이후에도 계속 이어지는 삶을 나타낸다고 믿어진다.

프리틸라리아 라데아나

DWARF CROWN IMPERIAL

Fritillaria raddeana

백합과에 속하는 이 알뿌리는 프리틸라리아 임페리알리스(96쪽 참조)에 비해 더 작고 여린 종이다. 키가 더 작으며, 꽃은 더 연하고 섬세하다. 이란, 투르크메니스탄, 히말라야 서부 암반 지역에 분포하지만 관상용 식물로 정원에서 재배되기도 한다. 향기는 불쾌하지만 각각의 두꺼운 꽃줄기 끝에 모여 달리는 꽃들이 매력적이어서 정원 전시용 식물로 바람직하다.

은방울수선

SUMMER SNOWFLAKE

Leucojum aestivum

설강화의 개화가 끝난 이후 4월 무렵부터 꽃을 피운다.

유럽 대부분 지역에 걸쳐 분포하는 레우코줌속*Leucojum*은 '흰색 제비꽃white violet'을 뜻하는 그리스어에서 그 이름이 유래했다. '서머 스노플레이크'라는 영명에도 불구하고 이 꽃은 여름보다는 봄의 중반에 개화한다. 설강화보다 크기가 커서 높이는 60센티미터에 이른다. 때때로 설강화 꽃이 진 후 계속해서 꽃이 이어지도록 은방울수선을 식재하기도 한다. 은방울수선의 향기 나는 꽃은 꽃잎과 꽃받침이 융합된, 크기가 같은 여섯 개의 꽃덮이조각(화피편tepal이라고도 함)으로 이루어진 반면, 설강화의 경우 안쪽 세 개의 꽃덮이조각은 짧고 바깥쪽 세 개의 꽃덮이조각은 길다.

알리섬

SWEET ALYSSUM

Lobularia maritima

4월에 꽃이 피기 시작해 계속해서 개화가 지속되는데, 여름에 걸쳐 더 많이 핀다.

유럽 남동부 섬들이 원산지인 이 식물은 전 세계 여러 온대 지방에 걸쳐 귀화했다. 보통 해변에서 발견되지만, 들판이나 담장, 경사지나 황무지 같은 곳에서도 자란다. 꽃에서는 꿀 같은 향이 나는데, 개화기가 아주 길뿐더러, 꽃이 워낙 많이 피어 잎이 잘 보이지 않을 정도이다. 꽃은 벌과 나비뿐 아니라 작은 꽃 속 꿀샘에 접근할 수 있는 여러 미세 곤충들을 유혹한다.

은종나무

SNOWDROP TREE

Halesia carolina

4월에 만개하는 은종나무는 5월까지 개화가 지속되는데, 사진 속 과수원꾀꼬리 같은 새들이 꿀을 섭취한다.

미국 남동부 지역의 낮은 산비탈에 분포하는 이 식물은 잎이 나기 바로 직전에 종 모양의 많은 꽃들을 피운다. '캐롤라이나 실버벨Carolina silverbell'이라고도 불리는데, 사우스캐롤라이나 혹은 노스캐롤라이나의 야생에서 이 꽃을 볼 수 있기 때문이다. 꽃은 다양한 종류의 벌들, 그리고 위 사진에 있는 과수원꾀꼬리orchard oriole를 비롯한 새들에게 좋은 꿀 공급원이다. 개화기가 끝나면 네 개의 날개 달린 열매가 맺힌다.

펜타글로티스 셈페르비렌스

GREEN ALKANET

Pentaglottis sempervirens

4월부터 두 달에 걸쳐 물망초를 닮은 꽃을 피운다.

꽃이 피지 않는 가을과 겨울 동안 종종 보리지로 오인되는 이 식물은 유럽 서부 지역이 원산지이며 침입성 식물이다. 파란색 작은 꽃은 먹을 수 있어 샐러드와 케이크를 매력적으로 장식하는 데 사용한다. '그린 알카넷green alkanet'이라는 영명은 아랍어로 헤나henna를 뜻하는 단어에서 유래한 것으로 여겨지는데, 이 식물이 값싼 대체 염료로 사용되었음을 말해준다. 특히 호박벌이 이 꽃의 꿀을 좋아한다. 하지만 뻣뻣한 털이 많은 이 식물은 한번 자리를 잡으면 곧은 뿌리가 땅속 깊게 자라 완전히 제거하기가 매우 어렵기 때문에 정원 식물로는 이상적이지 않다.

단풍나무

JAPANESE MAPLE

Acer palmatum

봄 중반쯤 아주 작은 단풍나무 꽃들이 새잎들 사이로 모습을 드러낸다.

한국, 중국, 일본이 원산지인 단풍나무는 봄 중반에 아주 작은 자주색 꽃을 피운다. 가까이서 자세히 살펴야 보이는 꽃은 산방 꽃차례로 달리며 수꽃과 암꽃이 한 나무에 핀다. 꽃이 진 후 날개 달린 씨앗 꼬투리가 형성되는데, 헬리콥터 씨앗이라고 불리기도 한다. 공중에서 나선형으로 돌며 떨어지는 모습을 표현한 말이다. 이 메커니즘을 통해 씨앗은 더 멀리 비행하여 새로운 개체로 자라날 확률을 높인다. 15세기에 레오나르도 다빈치는 단풍나무 씨앗의 회전 메커니즘에 관한 연구를 바탕으로 훗날 헬리콥터로 탄생하게 될 디자인을 고안했다고 한다.

유럽참나무

ENGLISH OAK

Quercus robur

《쾰러의 약용 식물》(1887)에 수록된 발터 뮐러의 식물 세밀화를 본뜬 다색 석판화. 유럽참나무의 꽃과 열매뿐 아니라 잎도 묘사하고 있다.

참나무는 봄에 수꽃과 암꽃이 따로 핀다. 초록빛을 띠는 노란색 수꽃은 아래쪽으로 늘어지는 미상 꽃차례로 무리 지어 달린다. 분홍빛의 작은 암꽃은 비늘로 덮여 있는데, 나중에 도토리로 자란다. 바람에 의해 꽃가루받이가 이루어지지만 자가 불화합성이기 때문에 암꽃은 다른 나무로부터 날아온 꽃가루가 필요하다. 14세기까지 거슬러 올라가는 유명한 속담으로 "거대한 참나무도 작은 도토리로부터 자란다"라는 말이 있다.

손수건나무

HANDKERCHIEF TREE

Davidia involucrata

위쪽 4월 무렵에 손수건나무는 비둘기 같은 모습으로 꽃을 피운다.

오른쪽 플라타너스 단풍은 지금부터 6월까지 꽃이 피고 9월부터 10월까지 씨앗이 성숙한다.

'유령 나무ghost tree' 또는 '비둘기 나무dove tree'라고도 알려져 있다. 중국 남서부 숲 지대가 원산지이다. 꽃 자체는 붉은색인데 달걀 모양의 커다란 흰색 포엽이 감싸고 있어 마치 나무에 손수건이 줄지어 매달려 있는 것처럼 보인다. 산들바람에도 포엽이 펄럭거리는 모습은 나뭇가지에 앉아 있는 새들 같아서 '비둘기 나무'라는 이름이 붙었다. 이 종은 1904년 중국으로부터 유럽과 북아메리카에 도입된 이후 관상용 식물로 유명해졌다.

플라타너스단풍

SYCAMORE

Acer pseudoplatanus

유럽 중부와 남부, 서아시아 지역이 원산지인 이 단풍나무 종류는 초록빛을 띠는 노란색 꽃들이 원추 꽃차례로 무리 지어 달린다. 각각의 꽃에 달린 꽃잎은 매우 작으며 자세히 살펴봐야만 수꽃과 암꽃을 구별할 수 있다. (수꽃으로부터 꽃가루가 떨어져 자가 수분이 일어나는 것을 방지하기 위해) 암꽃은 원추 꽃차례의 맨 위쪽에 있으며, 그 아래로 수꽃이, 그리고 맨 아래쪽에는 무성화가 달린다.

백합

EASTER LILY

Lilium longiflorum

〈수태 고지〉는 천사 가브리엘이 마리아에게 백합을 선사하는 장면을 보여준다.

순수, 부활, 희망, 그리고 새로운 시작을 상징한다고 여겨지는 백합은 그리스도의 부활과 관련이 있다. 이 꽃들 중 일부는 예수가 십자가에 못 박히기 전날 밤, 기도하기 위해 올랐던 겟세마네 동산에 자라고 있었다고 믿어진다. 많은 기독교 교회에서 백합은 매년 이 시기 예수의 부활을 기념하는 장식으로 사용된다. 존 윌리엄 워터하우스의 〈수태 고지〉(1914)는 천사 가브리엘이 마리아에게 그녀가 예수를 낳을 것이라고 알리기 위해 백합을 선물하는 장면이 묘사되어 있다.

대나무

COMMON BAMBOO

Bambusa vulgaris

황금빛 줄기가 특징인 포대죽golden bamboo은 매력적인 잎과 함께 매우 빨리 자란다.

인도차이나와 열대 아시아가 원산지인 대나무는 세계에서 가장 크고 널리 재배되는 식물 중 하나이다. 꽃 피는 일은 흔치 않은데 오랜 세월 동안 자란 후 꽃을 피우고 죽는다. 꽃가루가 생존력이 매우 낮기 때문에 열매가 맺히지 않는 것으로 여겨진다. 식물체는 새롭게 죽순을 만들어내어 생존하는데, 성숙한 뿌리 덩어리를 형성하기까지 7년 정도가 걸린다.

오른쪽 이 식물은 이번 달부터 향기 나는 꽃이 피기 시작하며, 때때로 특이한 소시지 모양의 열매가 달린다.

다음 쪽 매발톱꽃은 4월부터 시작해 여름까지 많은 꽃이 피는데 씨앗이 잘 맺혀 빠르게 퍼져 자란다.

홀보엘리아 코리아케아

SAUSAGE VINE

Holboellia coriacea

원래 동아시아 온대 지방이 원산지인 이 식물은 상록성 덩굴 식물로, 전 세계 온대 지방의 정원에서 특이 식물로 인기가 많다. 빨리 자라며 재스민과 멜론이 섞인 듯한 향기가 난다. 열매는 보라색이고 길쭉한 자두를 닮은 소시지 모양이어서 '소시지 덩굴'이라는 영명이 붙었다. 열매는 먹을 수 있으며, 뿌리와 줄기는 중국에서 전통 약재로 쓰여왔다.

새매발톱꽃

COLUMBINE

Aquilegia vulgaris

유럽과 북아메리카가 원산지인 이 식물은 숲 지대와 습한 초지대에서 발견되는 전형적인 코티지 가든cottage-garden(19세기 영국 시골 사유지 정원 양식으로, 다양한 채소류, 과수류를 비롯해 관상용 식물과 덩굴 식물들을 전통적인 재료와 자연스럽게 혼합해 사용한다–옮긴이) 식물이다. 영명인 '콜럼바인'은 라틴어로 비둘기를 뜻하는 'columba'에서 유래했는데, 꽃들이 비둘기 무리를 닮았기 때문이다. 다양한 매발톱꽃 종류는 서로 다른 곤충 또는 새에 의해 꽃가루받이가 이루어진다. 꽃 뒤쪽에 꿀이 들어 있는 꽃뿔의 길이가 다른 것은 이런 이유에서이다. 영국에서는 긴 혀를 가진 호박벌이 이 꽃으로부터 꿀을 얻는데, 캘리포니아 같은 미국 일부 지역에 자라는 시에라매발톱꽃*Sierra columbine*은 5센티미터 길이의 꽃뿔을 가지고 있어 훨씬 더 큰 박각시나방 종류가 꽃가루받이를 해준다.

준베리

SERVICEBERRY

Amelanchier lamarckii

7월에 베리가 검게 익기 전에 준베리는 크고 하얀 꽃을 피운다.

장미과에 속하는 이 나무는 '스노위 메스필snowy mespil' 또는 '서비스베리serviceberry'라고도 불린다. 북아메리카가 원산지로, 오늘날 유럽에서 인기 있는 정원수이다. 화려하고 향기로운 별 모양의 흰색 꽃이 핀 후 6월이 되면 진보라색의 먹을 수 있는 베리가 달린다. 색깔이나 맛이 블루베리와 유사하다. 이 베리는 잼과 과일 파이를 만드는 데 사용되며 새들에게도 인기 있다.

프리물라 베리스

COWSLIP

Primula veris

아서 홉킨스의 작품 〈카우슬립 와인〉(1909)에서 한 여성이 와인에 향을 내기 위해 프리물라 베리스의 줄기에서 꽃을 떼어내고 있다.

이 식물은 전통적으로 건초 목초지와 고대의 숲 지대에서 흔히 볼 수 있었지만 서식지가 감소하면서 매우 희귀한 꽃이 되었다. 이 예쁜 꽃의 영명 '카우슬립'의 유래는 그리 매력적이지 않다. 이 식물은 종종 소를 방목하는 목초지의 두엄 더미에서 자랐기 때문에 '소똥'을 뜻하는 고대 영어에서 그 이름이 비롯되었을 것으로 추정된다. 좀 더 매력적인 이야기를 하자면, 꽃의 경우 영국에서 와인의 향을 낼 때, 잎은 스페인에서 샐러드로 이용되어왔다.

4월 24일

유럽은방울꽃

LILY OF THE VALLEY

Convallaria majalis

이 식물은 유럽 전역에 걸쳐 해안 지역에서 멀리 떨어진 숲 지대에서 발견되며 달콤한 향기가 나는 종 모양의 꽃이 핀다. 디자이너 크리스찬 디올이 가장 좋아하는 꽃이었으며, 그의 회사 디올은 1956년 이 꽃의 향기를 모방한 향수를 만들었다. 유럽은방울꽃은 비록 비싸긴 해도 결혼식 부케로 인기가 있으며, 2011년 윌리엄 왕자와 케임브리지 공작 부인의 결혼식에도 이 꽃이 등장했다. 유럽은방울꽃은 '다시 찾아온 행복'을 상징한다.

이달 말이나 다음 달 초에 개화를 시작하여 단 3주 동안만 지속된다.

오르니토갈룸 움벨라툼

STAR OF BETHLEHEM

Ornithogalum umbellatum

지금부터 5월까지 정원과 목초지, 숲 지대에서 피어난다.

이 별 모양의 꽃은 '스타 오브 베들레헴'이라는 영명과 완벽하게 어울린다. 야생에서 이 식물의 알뿌리는 아프리카부터 유럽, 중동에 이르기까지 널리 퍼져 있다. 전설에 따르면, 하나님이 동방박사들을 아기 예수가 태어난 곳으로 인도해준 별을 소멸시키기에 너무 아름답다고 여겨 지구에 떨어뜨려 산산조각이 나게 한 후 오늘날 우리가 알고 있는 이 꽃으로 탄생시켰다고 한다. 이 꽃은 순수, 희망, 용서를 상징하며 종교의식에서 사용된다.

밥티시아 아우스트랄리스

BLUE WILD INDIGO

Baptisia australis

4월부터 6월까지 완두꽃을 닮은 꽃이 핀 후 맺히는 씨앗 꼬투리는 염료를 만드는 데 사용된다.

북아메리카 중부와 동부 일부 지역이 원산지인 이 식물은 개울가 혹은 개방된 목초지, 숲 지대 가장자리에서 발견된다. 진한 파란색 꽃의 강렬함 때문에 정원 식물로 사랑받고 있다. 체로키족, 그리고 훗날 아메리카에 정착한 유럽인들은 전통적으로 파란색 염료를 만드는 데 이 식물의 씨앗 꼬투리를 사용했다. 전설에 따르면, 집을 수호하기 위해 집 주변에 이 식물을 식재했다. 이 식물은 독성이 있으므로 어린 새싹을 아스파라거스로 오인하지 않도록 주의해야 한다.

무스카리 아르메니아쿰

GRAPE HYACINTH

Muscari armeniacum

위쪽 무스카리는 이달과 다음 달에 걸쳐 꽃을 피우는데, 온갖 어려운 환경에서도 잘 자랄 수 있다.

오른쪽 필리핀을 방문할 수 없다면 전 세계에 온실을 보유한 대규모 식물원에서 이 이국적인 식물을 만나볼 수 있다.

아시아 서부와 유럽 남동부 숲 지대와 목초지에 분포하는 이 꽃 역시 '블루벨'이라 불리기도 하고 북아메리카에서는 '블루보닛bluebonnet'으로도 알려져 있다. '무스카리'라는 이름은 '사향'을 뜻하는 그리스어에서 유래했으며, 일부 종들이 지닌 향기를 나타낸다. '그레이프 히아신스'라는 영명은 꽃들이 작은 포도송이나 히아신스를 닮은 데서 비롯되었다.

스트롱길로돈 마크로보트리스

Jade Vine

Strongylodon macrobotrys

필리핀의 열대 숲이 원산지인 이 덩굴 식물은 화려한 청록색 꽃으로 유명하다. 야생에서는 박쥐가 이 꽃에 거꾸로 매달려 꽃 속에 있는 꿀을 먹는다. 길이가 3미터까지 이를 수 있는 꽃줄기에 발톱 모양의 꽃들이 포도송이처럼 달려 있다. 이 식물은 전 세계 식물원 온실에서 많은 사랑을 받고 있는데, 이 꽃을 식자재로 이용하고 있는 필리핀에서는 삼림 벌채로 인해 멸종 위기에 처해 있다.

아룸 마쿨라툼

LORDS-AND-LADIES

Arum maculatum

채색 동판화로, 이 식물의 세부 사항을 묘사하고 있다. 빌리발트 아서 박사의 《약용 식물 핸드북》(1876)에서 발췌.

유럽 대부분 지역과 아프리카 북부가 원산지인 이 식물은 숲이 우거진 지역에서 잘 자란다. '귀족과 귀부인'이라는 영명은 이 꽃이 인간 남성과 여성의 생식 기관을 모두 닮은 데서 비롯되었다. 이 흔한 식물이 꽃을 피우는 모습을 발견하기란 흔치 않은 일인데, 가을에 더 가능성이 크다. 꽃의 아래쪽에는 선홍색 열매들이 맺혀 고리를 형성하는데, 이는 숲의 바닥을 장식하며 새들에게 먹이를 제공한다.

칼리브라코아 파르비플로라

MILLION BELLS

Calibrachoa parviflora

개화기가 길어 이달부터 늦여름에 걸쳐 꽃이 핀다.

늘어지며 자라는 이 꽃은 페튜니아petunias와 사촌지간으로, 남아메리카와 북아메리카 남부 지역 일부가 원산지이다. '밀리언 벨스'라는 영명은 각각의 개체에 피어나는 수많은 꽃들 때문에 명명되었다. 벌새를 유혹하기도 하는 칼리브라코아 종류의 꽃은 페튜니아보다 더 작지만 식물체는 더 강건한 편이어서 이 식물로부터 육종된 품종들은 정원에서 인기가 많다.

에피가이아 레펜스

MAYFLOWER

Epigaea repens

북아메리카에 분포하는 이 식물의 영명 '메이플라워'는 필그림파더스Pilgrim Fathers(1620년 메이플라워호를 타고 미국으로 간 영국의 분리주의자들-옮긴이)가 그들의 배 이름을 따서 붙인 이름이다. 배가 상륙한 매사추세츠 플리머스 록에 이 식물이 풍부했다. 나중에 이 식물은 매사추세츠주를 상징하는 꽃이 되었다. 식물 자체는 작은 포복성 관목으로, 다섯 갈래로 갈라지는 작은 꽃은 흰색 또는 분홍색이다.

향고광나무

MOCK ORANGE

Philadelphus coronarius

위쪽 향고광나무의 수많은 꽃은 늦봄부터 초여름에 걸쳐 개화한다.

왼쪽 메이플라워호 복제선 선미에 메이플라워 꽃이 그려져 있다.

유럽 남부가 원산지인 이 식물의 영명인 '가짜 오렌지mock orange'는 오렌지와 레몬 꽃을 닮은 이 꽃의 모양에서 유래했다. 꽃향기 또한 오렌지를 연상시키지만 재스민 향이 살짝 가미되어 있으며, 벌과 나비를 포함한 꽃가루 매개 곤충들을 유혹한다. 이 식물은 온대 지방 정원에서 향기로운 꽃을 위해 재배하며, 너무 추워서 오렌지 나무를 키우기 어려운 지역에서 오렌지 나무의 느낌을 대신한다.

영산홍

AZALEA RHODODENDRON

Rhododendron indicum

상록성 관목으로,
이달과 다음 달에
이국적인 색깔의 꽃을
풍성하게 피운다.

철쭉, 너 때문에 고향 생각이 난다
너의 아름다움을 숙고하며 보낸 사치스러운 날들
너의 뿌리 주변에 남아 있는 봄의 향기

– 두보(712~770)

서양에서 아잘레아Azalea라고 불리는 철쭉류는 중국 문화에서 일종의 마음챙김 명상을 상징하며, '고향을 떠올리게 하는 관목'으로 추앙받는다. 중국에서 가장 위대한 시인으로 꼽히는 당나라 시인 두보의 작품으로 유명해졌다. 두보는 윌리엄 셰익스피어를 포함한 많은 작가들에게 영향을 미쳤다. 수백 년 동안 선별적으로 육종된 진달래과의 철쭉류는 오늘날 1만 품종 이상이 개발되었다. 철쭉류는 유럽 남서부, 아시아, 북아메리카에 걸쳐 널리 자라고 있다.

캘리포니아라일락

BLUEBLOSSOM

Ceanothus thyrsiflorus

늦봄부터 6주에 걸쳐 개화하며 때때로 10월에 다시 한번 꽃이 핀다.

미국 오리건주와 캘리포니아주에서 발견되는 이 식물은 나비와 새, 꿀벌 등 꽃가루 매개자들이 좋아하는 상록성 관목이다. 종명인 '티르시플로루스'는 고대 그리스어로 '밀집한 원추 꽃차례 혹은 밀추 꽃차례로 배열된 꽃들'이라는 뜻이다. 다른 케아노투스속*Ceanothus* 종들과 함께 산불이 난 곳에 가장 먼저 자라는 식물들 중 하나이기 때문에 캘리포니아 생태계에서 중요한 역할을 한다.

셀레니체레우스 위티

AMAZON MOONFLOWER

Selenicereus wittii

꽃봉오리가 자라는 데는 시간이 꽤 걸리지만 완전히 개화하는 건 단 하룻밤 동안만이다.

아마존 숲 나무 줄기에 붙어 자라는 이 선인장은 화관으로부터 흰색의 커다란 꽃이 피는데, 그 길이가 27센티미터에 달한다. 가느다란 순백색의 꽃잎은 자외선을 강하게 반사한다. 각각의 꽃은 보통 해가 진 후에 열리기 시작하여 2시간 안에 완전히 열린다. 꽃은 완전히 피기 전에 강렬한 향기를 발산하는데, 꽃이 성숙해가면서 이 향기는 불쾌한 냄새로 변해간다. 야생에서 이 꽃의 꽃가루받이를 도와줄 수 있는 곤충은 긴 혀를 가지고 있는 단 두 종류의 박각시나방뿐이다. 꿀이 꽃부리의 맨 밑부분에 저장되어 있기 때문이다.

때죽나무

Japanese Snowbell

Styrax japonicus

5월과 6월에 걸쳐 꽃이 핀다. 사진 속의 꽃은 '핑크 차임스Pink Chimes'라는 품종이다.

한국, 중국, 일본이 원산지이며 숲 가장자리에서 발견되는 이 나무는 향기 나는 화려한 흰색 꽃을 피운다. 종 모양의 밀랍 같은 꽃들이 무리 지어 달리는데, 잎들이 위를 향하고 있기 때문에 아래에서 보았을 때 꽃이 쉽게 눈에 띈다. 이 식물은 영국이나 다른 나라의 식물원에서 자라기 훨씬 전부터 동양에서 아주 오랫동안 재배해 온 것으로 여겨진다. 하지만 1892년 일본에서 채집되어 처음으로 서양에 도입되었기 때문에 '재패니즈 스노벨'이라고 불린다.

울렉스 에우로파이우스

GORSE

Ulex europaeus

이른 봄부터 늦여름까지 꽃이 피는 이 식물은 마을뿐 아니라 히스랜드와 해안 초지대에서도 발견된다.

'고스gorse'라는 영명으로 불리는 이 식물은 보통 들판 가장자리를 따라서 자란다. 농부들은 침입자를 막고 가축을 기르기 위해 이 가시투성이 관목을 식재했다. 소와 양은 부드러운 새싹을 즐겨 먹기 때문에 농부들은 오래된 관목을 불태워 다시 자라게 한다. 이렇게 하면 토양에도 영양분을 제공하는 셈이 된다. 개화기가 매우 길어 보통 연중 대부분 꽃을 피우기 때문에 "고스가 꽃 피지 않는다는 건 키스가 유행이 지났다는 말과 같다"라는 속담이 있을 정도이다.

미국이팝나무

WHITE FRINGETREE

Chionanthus virginicus

5월과 6월에 화려한 흰색 꽃을 피운다.

눈꽃snowflower, 노인의 수염old man's beard으로도 알려진 이 나무는 20센티미터 길이까지 늘어지는 원추 꽃차례에 은은한 향기를 지닌 흰색 꽃들이 피어난다. 암수딴그루인데, 수그루는 더 화려한 꽃을 피운다. 미국이팝나무는 미국 저지대와 사바나 지역이 원산지이지만 더 차가운 기온에도 적응할 수 있으므로 더 북쪽 지역에서도 재배된다. 아메리카 원주민들은 전통적으로 피부 염증을 치료하기 위해 이 나무의 뿌리와 나무껍질을 건조시켜 사용했다.

가시칠엽수

EUROPEAN HORSE CHESTNUT

Aesculus hippocastanum

화려한 수술이 돋보이는 가시칠엽수의 꽃 그림. 피에르 조제프 르두테의 《나무와 관목의 조화》(1800~1830년경)에서 발췌.

발칸 반도가 원산지인 이 식물은 16세기 말 튀르키예에서 영국으로 도입되었다. 이 나무의 흰색 꽃에는 노란색 반점이 있는데, 이것은 꽃가루받이가 이루어지면 붉은색으로 변해서 곤충들에게 덜 매력적으로 보임으로써 아직 꽃가루받이가 되지 않은 다른 꽃으로 유도한다. 이 나무는 300년 이상 살 수 있으며 광택이 나는 적갈색 열매를 생산하는 것으로 유명하다. 콩커conker라 불리는 이 열매는 초가을 동안 떨어지는데, 어린이들은 전통적으로 줄에 매달아 서로 상대의 콩커를 깨는 콩커 싸움을 즐겼다. 이 놀이는 1848년 영국 아일오브와이트주에서 처음으로 기록되었다.

트라켈리움 카에룰레움

BLUE THROATWORT

Trachelium caeruleum

매우 향기가 좋은 이 꽃은 보통 초여름에 피기 시작하여 오랜 기간 개화한다.

지중해가 원산지인 이 식물은 벌들을 유혹하는 물보라 같은 커다란 꽃 뭉치들을 만들어낸다. '블루 스로트워트'라는 영명과 '트라켈리움'이라는 속명 모두 이 식물이 인후 질환을 치료하는 데 사용된다는 것을 나타낸다. 'trachelos'는 그리스어로 '목'을 뜻한다. 이 식물은 스스로 쉽게 씨앗을 뿌려 자연스러운 비정형식 정원 혹은 코티지 가든 분위기의 정원에서 점점 더 인기를 얻고 있다. 꽃꽂이용으로 사용할 때는 꽃들 가운데 4분의 1 정도만 피어 있을 때 꽃줄기를 꺾어야 한다. 그러면 꽃병에서 2주 정도 꽃이 유지된다.

5월 11일

중국등나무

WISTERIA

Wisteria sinensis

중국등나무의 길게 늘어진 연보라색 꽃은 바로 눈길을 사로잡는다. 종종 유럽과 북아메리카의 오래된 저택에서 볼 수 있는 이 식물은 100년 이상 살 수 있다. 지지물을 이용해 쉽게 재배할 수 있으며 봄에 완두꽃을 닮은 달콤한 향을 지닌 꽃들을 볼 수 있다. 사랑과 장수를 상징하므로 집 건물 외벽에 자라도록 하기에 적합하다. 1816년 중국 남부 광둥성의 수석 차茶 검사관이었던 존 리브스가 1816년 처음으로 영국에 중국등나무의 꺾꽂이 묘를 들여온 이후 서양에서 인기를 얻게 되었다. 일본과 중국에서는 훨씬 더 오래전부터 정원의 인상적인 식물로서 이 나무를 재배해왔다.

등나무 꽃은 4월에서 6월 사이에 꽃이 피지만 8월에 두 번째 개화를 하기도 한다. 인상적인 개화 후 정원사들은 길게 자란 줄기들을 가지치기하는데, 이때 내년에 필 꽃눈을 제거하지 않도록 조심한다.

비잔틴글라디올러스

BYZANTINE GLADIOLUS

Gladiolus communis subsp. *byzantinus*

가운데 위치한 스키잔투스 꽃 왼쪽으로 글라디올러스가 그려져 있다. 일본의 목판화 (1900년경).

이 식물은 유럽 남부와 아프리카 북부가 원산지인데, 영국에서는 정원에서 재배하던 식물들이 탈출하여 야생에서도 발견된다. '글라디올러스'라는 이름은 '검'을 뜻하는 그리스어 'gladius'에서 유래했다. 잎 모양이 검을 닮았기 때문이다. 이 식물은 힘과 완전함을 상징한다 하여 로마의 검투사들은 목에 이 식물의 알뿌리를 두르고 전투에 참가했다고 전해진다. 검 모양은 심장을 뚫을 수 있는 능력을 나타내므로 이 식물은 또한 '사랑의 열병'을 상징한다. 그뿐만 아니라 '추억'을 상징하기도 하여 결혼 40주년 기념일과 연관되어 있다.

백당나무

GUELDER ROSE

Viburnum opulus

6월과 7월에 꽃이 핀 후 형성되는 이 붉은 열매는 우크라이나 전통 빵을 장식하는 등 여러 음식과 음료에 사용된다.

영국, 유럽, 아프리카 북부, 중앙아시아의 숲 가장자리와 강가, 오래된 산울타리를 따라 자라는 낙엽성 관목이다. 꽃 뭉치의 바깥쪽에 더 커다랗게 핀 꽃들은 무성화로, 이는 꽃가루 매개자를 안쪽에 있는 더 작은 유성화로 끌어들이기 위해 전적으로 기능한다. '겔더 로즈'라는 영명은 네덜란드 헬데를란트Gelderland 지방에서 유래했는데, '로제움Roseum'이라는 인기 품종이 여기서 나왔기 때문이다. 이 꽃에 대한 자료는 시와 자수, 여러 시각적 예술품 등 우크라이나의 민간 전승에서 찾아볼 수 있으며, 붉은 열매는 피와 집을 상징한다.

금사슬나무

COMMON LABURNUM

Laburnum anagyroides

유럽 중부와 남부 산악 지역이 원산지로, 콩과에 속하는 금사슬나무는 관상적 가치가 매우 높아 인기가 많다. 골든 레인 식물golden rain plant이라고도 알려진 이 식물은 봄철 나뭇가지마다 샛노란 꽃들의 화환이 기다랗게 매달린다. 이 식물은 1560년대 영국에 처음 소개된 이후, 큐 왕립식물원부터 프랑스 북부 지베르니에 위치한 클로드 모네의 정원까지 수많은 정원의 중요한 볼거리가 되었다. 정원사들은 이 식물을 가지치기하고 돌보는 데 많은 노력을 기울인다. 꽃은 이삼 주 동안만 개화하지만 숨 막히게 아름다운 풍경을 연출한다.

5월 중후반부터 6월에 걸쳐 아래로 늘어지는 총상 꽃차례로 피어난다.

라일락

COMMON LILAC

Syringa vulgaris

마리아 포르투니의 작품 〈목가〉(1868) 속에서 그리스 신 판을 연상시키는 젊은 파우누스가 피리를 불고 있다.

달콤한 향을 진하게 내뿜는 꽃 때문에 재배하는 라일락은 16세기 말 발칸반도 오스만 제국의 정원으로부터 북유럽에 도입되었다. 고대 그리스 신화에 따르면, 숲의 신이었던 판이 시링가라는 이름의 요정과 사랑에 빠졌는데, 이 요정은 그로부터 숨기 위해 스스로를 식물로 변모시켰다고 한다. 이 관목을 찾아낸 그는 속이 비어 있는 줄기로 팬파이프를 만들었다고 전해진다.

적작약

PEONY

Paeonia lactiflora

5월에 눈부시게 아름다운 많은 꽃을 피우며 절정을 이룬다.

이 식물은 중국에서 '꽃의 왕'으로 알려져 있으며, 전통적으로 대표적인 꽃의 상징이었다. 중국 중부의 고대 도시 뤄양은 이 식물 재배의 중심지로 명성이 높아, 매년 많은 박람회와 전시회를 개최한다. 매년 몇 주 동안만 꽃이 피지만 꽃다발뿐 아니라 정원 식물로도 인기가 있다. 주름진 꽃잎을 가진 커다랗고 인상적인 꽃, 그리고 부드럽고 신선향 향기로 정원 식물의 고전으로 선택받는 이 식물은 행운, 명예, 사랑을 상징한다.

노랑현호색

YELLOW CORYDALIS

Pseudofumaria lutea

개화기가 매우 길어서 봄 중반부터 첫 서리가 올 때까지 지속적으로 꽃을 만들어낸다.

이 식물은 코리달리스 루테아*Corydalis lutea*라는 학명으로도 불리는데, 그리스어로 'korydalis'는 '종달새'를 의미한다. 이 꽃에 달린 꽃뿔과 종달새 발 모양이 닮은 데서 명명되었다. 고사리 같은 잎을 가진 이 식물은 원래 이탈리아와 스위스의 알프스 산맥 기슭에 분포하지만, 북반구 온대 기후대의 정원이나 숲 지대, 벽의 갈라진 틈새 등에 널리 자란다. 16세기에 영국으로 도입되었는데, 지역마다 여러 이름이 있다. 도싯주에서는 핑거스 앤 섬스fingers and thumbs, 서식스주에서는 집시 펀gypsy fern, 윌트셔에서는 파퍼스poppers로 불린다.

라넌큘러스 아시아티쿠스

PERSIAN BUTTERCUP

Ranunculus asiaticus

5월과 6월에 걸쳐 끊임없이 꽃을 피운다.

이 꽃은 6주가량 개화하는데, 꽃병에서는 각각의 꽃이 7일 동안 지속된다. 많은 꽃잎을 가진 겹꽃 품종이 관상용 정원과 꽃꽂이로 특히 인기가 많다. 라넌큘러스 품종들은 가을에 심는, 비늘줄기와 비슷한 알줄기에서 자라며, 장미를 닮은 커다란 꽃을 피운다. 수 세기에 걸친 재배 역사를 지닌 라넌큘러스의 원산지는 아프리카 북부, 아시아 남서부, 유럽 남부 지역이다.

5월 19일

텔리마 그란디플로라

FRINGE CUPS

Tellima grandiflora

북아메리카 서부의 습한 숲이 원산지인 이 식물은 영국과 아일랜드 같은 나라의 정원에 자라다가 야생으로 퍼져 귀화한 것으로 추정된다. 꽃은 향기가 나며 시간이 지남에 따라 옅은 붉은색으로 희미해진다. 북아메리카의 스카짓Skagit 사람들은 전통적으로 식욕 부진 치료 등 의학적 용도로 이 식물을 사용했는데, 이 식물을 으깨어 차로 우려 마셨다.

뻐꾹냉이

LADY'S SMOCK

Cardamine pratensis

왼쪽 5월부터 7월에 걸쳐 키 높은 수상 꽃차례에 달리는 꽃들은 성숙해가면서 분홍색으로 변한다.

위쪽 뻐꾹냉이는 이달과 다음 달에 완전히 개화하며 분홍빛 섬세한 꽃들을 많이 피워낸다.

이 식물은 '뻐꾸기 꽃'이라는 뜻의 '쿠쿠플라워cuckooflower'라는 영명으로도 알려져 있는데, 영국의 여름 철새인 뻐꾸기의 첫 울음소리가 들리는 때와 비슷한 시기에 꽃이 피기 때문이다. 이 이름은 또한 거품벌레가 남긴 거품을 뜻하는 '뻐꾸기 침'이 가끔 이 식물체에서 발견되는 데서 유래했다는 설도 있다. 요정들에게 신성한 식물이기 때문에 집 안에 들이거나 화환을 만드는 데 사용하면 불행이 찾아온다고 여겨진다. 영국 전역에 걸쳐 발견되며, 유럽 대부분 지역과 서아시아에 분포한다. 또한 북아메리카에서는 아마도 정원에서 기르던 식물들이 탈출하여 귀화한 것으로 보인다.

블랙엘더베리

ELDERFLOWER

Sambucus nigra

꽃줄기를 수확한 후 꽃들을 떼어내 담근 다음 코디얼cordial을 만든다.

블랙엘더베리는 빅토리아 시대에 인기가 있었지만 사실 그 역사는 로마 시대까지 거슬러 올라간다. 꿀 향기가 나는 꽃은 비타민 C가 풍부한데, 비가 와서 안쪽의 꽃가루가 씻겨 나가기 전에 신선한 어린 꽃을 채취하는 것이 좋다. 꽃은 설탕물에 담그되 레몬즙 또는 비슷한 성분을 넣으면 보존에 도움이 된다. 혼합물을 체로 걸러내고 물, 토닉 또는 진으로 희석해 마신다.

단자산사나무

HAWTHORN

Crataegus monogyna

5월에 꽃이 피기 때문에 '메이 블로섬 May blossom'으로도 알려져 있다.

향기가 짙은 이 꽃들은 평평한 산방 꽃차례를 형성하며 흰색 또는 분홍빛을 띤다. 켈트 신화에서는 요정들이 이 나무 아래에 살고 있다는 믿음 때문에 요정의 나무로 알려져 있으며, 사랑과 보호를 상징한다. 오늘날 아일랜드에서는 여전히 가장 신성한 나무들 중 하나로 귀하게 여긴다. 일례로, 1990년 아일랜드에서는 리머릭에서 골웨이로 가는 M18 고속도로 공사가 이 요정의 나무를 위협한다는 이유로 중단되었다. 민속학자 에디 레니한이 시작한 캠페인으로 고속도로 노선이 변경되었고, 10년의 공사 지연 끝에 마침내 도로가 개통되었다.

유럽당마가목

ROWAN

Sorbus aucuparia

레베카 헤이의 《숲의 정령》(1837)에 수록된 채색 식물 세밀화. 이 나무의 꽃, 잎, 열매가 묘사되어 있다.

서아시아와 유럽이 원산지인 이 식물은 용기와 지혜를 상징하고 악으로부터 보호해주는 마법의 나무이다. 신드루이드교에서는 '관문 나무portal tree'로 알려져, 이 나무를 이 세계와 다른 세계 사이 문턱으로 여긴다. 각각의 열매가 열매 자루와 연결된 반대쪽 부분에 다섯 개의 뾰족한 거치가 있는 아주 작은 별 모양의 꽃자리가 있는데, 이는 고대로부터 보호의 상징인 오각형을 나타낸다.

베스카딸기

WILD STRAWBERRY

Fragaria vesca

4월과 7월 사이에 꽃이 핀 후 곧바로 작고 달콤한 열매를 생성한다.

장미과에 속하는 이 식물은 먹을 수 있는 과일을 생산하는데, 이는 상업적으로 생산되는 과일보다 훨씬 더 작지만 더 달콤하고 약간의 바닐라 향이 가미되어 있다. 중세 기독교 교회에서는 딸기를 성모 마리아의 열매라고 여겼다. 세 갈래로 갈라진 잎은 삼위일체를, 다섯 개의 꽃잎은 예수의 다섯 군데 상처를, 붉은 열매는 그의 피를 상징한다.

알리움 시쿨룸

SICILIAN HONEY GARLIC

Allium siculum

늦봄과 초여름 사이에
알리움 시쿨룸의
섬세한 꽃들이
무리 지어 피어난다.

튀르키예, 프랑스 남부, 이탈리아와 주변 지역이 원산지인 이 꽃은 축축하고 그늘진 숲에 자라며 우아한 종 모양의 매력적인 꽃 뭉치를 만들어낸다. 화려한 꽃과 뒤틀린 잎 때문에 정원에서 관상용 식물로 재배하지만 요리용으로도 사용된다. 불가리아에서는 향신료 믹스와 양념에 이 식물의 잎을 사용한다. 친척인 양파와 비슷해서, 자르거나 으깨면 눈물이 나는 화학 물질을 방출한다.

개장미

DOG ROSE

Rosa canina

16세기 영국 스테인드글라스 작품. 중앙에는 요크셔 가문의 문장으로 표현된 개장미가 그려져 있다.

이 가시투성이 덩굴 식물은 다른 관목들 사이에서 그들을 지지물로 사용하며 산울타리와 숲 가장자리에서 자란다. 중세 영국의 문장紋章에 흔히 사용된 상징이었으며, 독일에서는 요정들이 자신을 보이지 않게 하려고 이 꽃을 사용했다고 믿었다. 꽃이 진 후 형성되는 로즈힙rose hips 열매에는 비타민 C가 풍부하게 들어 있어서 건강 증진을 위해 시럽으로 만들어 이용한다.

은엽보리수나무

RUSSIAN OLIVE

Elaeagnus angustifolia

달콤한 향기가 나는 작고 노란 꽃이 5월 말과 6월 사이에 피어난다.

아시아와 주변 지역이 원산지인 이 나무는 오늘날 북아메리카에도 널리 식재되어 있다. '러시안 올리브'라는 영명은 올리브 나무와 비슷하게 생긴 데서 비롯되었지만, 밀접하게 연관된 부분은 전혀 없다. 이 나무는 노루즈Nowruz로 알려진 페르시아의 전통 봄 축제에서 사랑의 상징으로 식탁을 장식하는 데 사용된다. 이란에서는 열매를 말려 가루를 낸 다음 우유에 타서 관절염과 관절 통증을 치료한다.

백합나무

TULIP TREE

Liriodendron tulipifera

화단에서나 볼 법한 튤립을 닮은 매우 아름다운 꽃들이 5월과 6월 사이에 절정을 이룬다.

북아메리카 동부가 원산지이며, '튤립나무'라고도 불리는 이 나무는 튤립을 닮은 컵 모양의 커다란 꽃을 피운다. 정원에서 그늘을 제공하는 나무로 인기가 많지만 35미터 이상 자라고 수백 년을 살 수 있기 때문에 충분한 공간이 필요하다. 목련과에 속하며 인디애나주, 켄터키주, 테네시주를 상징하는 나무이다. 꽃은 벌에게 인기가 있고 나무는 가볍고 다루기 쉬워 목재로 사용된다.

5월 29일

카마시아 쿠아마시

COMMON CAMAS

Camassia quamash

북아메리카 서부가 원산지로, 늦봄에 주로 초원과 습지에서 짙푸른 꽃을 피운다. 전 세계적으로 관상용 식물로 재배되며 일부 초지대에 귀화했지만 미국과 캐나다에서는 원주민들의 식량 공급원이기도 했다. 꽃이 진 후 알뿌리를 수확하여 삶거나 구워 먹는다. 삶으면 시럽이 만들어지고 구우면 고구마처럼 즐길 수 있는데, 더 단맛이 난다. 하지만 너무 많이 섭취하면 배에 가스가 찬다.

5월 30일

프리지아

FREESIA

Freesia refracta

오늘날 우리가 재배하고 구입하는 프리지아는 버터 같은 노란색 꽃잎을 가진 프리지아 레프락타 같은 야생 프리지아로부터 육종된 품종이다. 남아프리카공화국이 원산지인 이 식물은 매력적인 신선한 향기 때문에 향수와 부케에 사용된다. 북반구에서 프리지아는 초여름에 꽃이 피는데, 전년도 가을에 알뿌리 심는 것을 잊지 않은 정원사는 가장 일찍 꽃을 볼 수 있다.

로즈마리

ROSEMARY

Salvia rosmarinus

로즈마리는 지중해 지역 전역에 걸쳐 자연적으로 자라며 많은 문화권에서 신성한 식물이었다. 로즈마리의 파란 꽃들은 원래 흰색이었는데, 동정녀 마리아가 아기 예수를 헤롯 왕으로부터 안전하게 지키기 위해 이집트로 가는 동안 이 식물 위에 빨래를 널었을 때 그녀의 푸른 드레스가 식물을 물들여 파란색이 되었다는 이야기가 있다. 로즈마리는 수도원 정원에서 재배되었으며, 악으로부터 보호하는 역할 외에 수많은 긍정적 효능을 지니고 있다고 여겨졌다. 최근의 과학적 연구에 따르면, 로즈마리 오일이 기억력에 도움이 된다는 것이 밝혀졌다. 이는 수 세기 동안의 믿음이었다. 셰익스피어의 《햄릿》에도 "여기 기억을 위한 로즈마리가 있어요"라는 오펠리아의 대사가 있다.

이전 쪽 위 4월에 꽃이 피기 시작하지만 이 시기에 무리 지어 만개하는 꽃들이 제 색깔을 드러낸다.

이전 쪽 아래 여름의 시작을 알리는 프리지아는 3주간 개화가 지속되어 실내뿐만 아니라 바깥 정원에서도 인기가 많다.

왼쪽 윌리엄 고먼 윌스의 작품 〈오펠리아와 라어테스〉(1879). 오펠리아가 로즈마리를 들고 있다.

채색 점묘법으로 그린 르두테의 〈로사 센티폴리아〉(1835).

로사 센티폴리아

ROSE OF A HUNDRED PETALS

Rosa × centifolia

다른 어떤 꽃보다 더 숭상받는 향기를 지닌 이 장미는 조향사들이 최고로 꼽는 꽃이다. 17세기 네덜란드에서 육종되었으며, 오늘날 프랑스 그라스에 위치한 작은 마을의 산과 바다 사이에서 재배되는 것으로 유명하다. 또한 세계에서 가장 훌륭한 향수 제조업자들에게 판매되고 있다. 샤넬 No.5의 주요 성분인 이 장미 향은 특히 이슬 같은 신선함과 오묘함으로 묘사된다. 이 꽃의 추출물은 같은 무게의 금보다 더 가치가 높다.

수국

HYDRANGEA

Hydrangea macrophylla

수국은 지난해 자란 가지에서 여름 중후반에 걸쳐서 꽃을 피운다.

이 꽃은 한국과 일본이 원산지이며, 보라색에서 붉은색, 분홍색까지 다양한 색을 가지고 있지만 파란색이 가장 인기가 많다. 토양 산성도가 색에 영향을 미치는데, 산성도가 높을수록 더 파란 꽃을 생산한다. 토양 산성도가 충분히 높지 않은 경우, 철쭉 재배용 토양을 사용한 화분 재배를 통해 꽃의 색을 조절할 수 있다. 일본에서 이 꽃은 역사적으로 감사와 사과와 동시에 연관되어 있다. 일왕이 사랑하는 여인에게 이 꽃을 주었는데, 그녀를 무시한 것에 대한 사과의 표현이었다고 전해진다.

저먼캐모마일

GERMAN CHAMOMILE

Matricaria chamomilla

데이지 같은 작은 꽃이 피지 않을 때도 캐모마일은 발밑에서 기분 좋은 향기를 뿜어내어 전형적인 잔디밭 대용으로 심기 좋다.

캐모마일은 의학적으로 사용된 가장 오래된 허브 중 하나이다. 여러 종 가운데 통증을 치유하고 수면을 촉진하는 데 주로 사용되는 종류는 저먼캐모마일이다. 꽃을 따서 말린 후 2티스푼 정도를 10~15분 동안 차로 우려내 마신다. 캐모마일은 잔디나 잔디 대용과 혼합하여 재배할 수 있다. 식물이 발밑에 밟히면 사과 같은 향이 약간 나면서 마음을 편안하게 해주는 아로마 효과를 느낄 수 있다.

가는미나리아재비

MEADOW BUTTERCUP

Ranunculus repens

아이들은 서로의 턱 아래 이 꽃을 들고 누가 더 버터를 좋아하는지 알아맞힌다.

아이들이 이 꽃으로 즐기는 놀이가 있다. 친구의 턱 바로 아래쪽에 이 꽃을 들고 있으면 노란빛이 턱에 반사되는데, 그 양에 따라 친구가 얼마나 버터를 좋아하는지 알 수 있다는 것이다. 이 특이한 색 반사에 관해 연구한 물리학자들은 꽃에 있는 카로티노이드 색소가 파란색과 녹색 빛을 흡수한다는 것을 밝혀냈다. 주로 노란색만 반사되어 피부에 나타나는 것이다. 꽃잎의 매끄러운 표면에 의해 반사가 증폭되는데, 이는 또한 자외선도 잘 반사해 벌 같은 꽃가루 매개자들에게 꽃에 대한 가시성과 매력도를 높여준다.

서양톱풀

YARROW

Achillea millefolium

1884년 베를린에 세워진 죽어가는 아킬레스 석상은 오늘날 그리스 코르푸의 아킬리온 궁전의 주요 볼거리이다.

고대 그리스 시대 이래로 이 식물은 상처 치유에 사용되어왔다. 현대 연구에 따르면, 잎 추출물은 실제로 항염증과 항산화 효능을 지니고 있다. 속명 '아킬레아'라는 라틴어는 그리스 신화에서 유래했다. 전사 아킬레스는 트로이 도시를 위해 싸우는 병사들을 치료하는 데 이 식물을 이용했다. 아킬레스 자신은 아기 때 스틱스강의 마법의 물에서 목욕하여 무적이 되었으나, 어머니가 손으로 붙잡고 있던 발목 부분은 씻기지 않아 결국 그 약점 때문에 죽음에 이르게 되었다는 이야기가 전해진다.

센토레아 키아누스

CORNFLOWER

Centaurea cyanus

6월부터 9월에 걸쳐 개화하며, 수많은 파란색 꽃을 피워 정원에서 인기가 많다.

1806년 프로이센의 루이즈 여왕이 나폴레옹 군대에 의해 쫓기고 있을 때 그녀는 이 꽃들이 잡초처럼 자라던 풀밭에 아이들을 숨겼다. 그녀는 이 꽃으로 화환을 엮어 아이들에게 걸어주고 그곳에 조용히 있게 했다고 한다. 오늘날 영국의 집약 농법으로 인해, 야생에서 최대 1미터까지 자라는 이 꽃들은 거의 자취를 감추게 되었고, 이제는 가장 우선으로 보호해야 할 종이 되었다.

디기탈리스 푸르푸레아

FOXGLOVE

Digitalis purpurea

의학적으로 사용되는 가장 강력한 약초 중 하나인 이 식물은 전통의학에서 심장병 치료, 해열, 진통, 그 밖에 다른 질환에 소량의 약물로 사용되었다. 하지만 독성이 있기 때문에, 때때로 컴프리comfrey로 오인하여 섭취한 경우 심각한 중독을 초래할 수도 있다. 전설에 따르면, 요정들이 이 꽃을 모자로 썼을 뿐만 아니라 여우에게 장갑으로 선물하여(이런 이유로 '여우 장갑foxglove'이라는 영명을 갖게 되었다-옮긴이) 닭장에 몰래 들어가는 것을 도와주었다고 한다.

알케밀라 몰리스

LADY'S MANTLE

Alchemilla mollis

위쪽 연금술사들은 이 식물의 잎에 맺힌 빗방울이 가장 순수한 물이라고 믿었다.

왼쪽 6월부터 9월에 걸쳐 키 큰 수상 꽃차례에 다채로운 꽃들을 피운다.

비가 오면 이 식물의 잎에 난 빽빽한 털들이 물방울을 붙잡고 머금고 있다. '알케밀라'라는 이름은 연금술사들의 믿음에서 비롯되었다. 그들은 이 식물의 잎에 맺힌 물방울이 가장 순수한 형태의 물이며, 일반 금속을 금으로 바꿀 때 이 물을 사용해야 한다고 믿었다. '레이디스 맨틀'이라는 영명은 부드러운 잎에서 인지되는 여성성에서 유래한 것으로 여겨진다.

아이브라이트

EYEBRIGHT

Euphrasia officinalis

6월경 개화한다.
각 크기는 5~10밀리미터로 앙증맞다.

이 식물의 영명 '아이브라이트'는 눈에 대한 감염병 치료에 이 식물의 역사적 사용을 나타낸다. 영국의 유명한 식물학자 니콜라 컬페퍼(1616~1654)는 이 식물이 시력을 선명하게 되찾아줄 수 있다고 주장했다. 잎의 일부, 줄기, 꽃의 작은 부분을 차로 우려내거나 더운 찜질제로 만들 수 있다. 많은 종들이 고산 지대에서 발견되는데, 꽃의 중심부가 노란색이어서 꽃 자체가 '밝은 눈bright eye'을 가지고 있다고 전해진다.

히말라야푸른양귀비

HIMALAYAN BLUE POPPY

Meconopsis betonicifolia

이달에 개화하며,
반그늘의 축축한
토양에서 잘 자란다.

파란색은 꽃에서 발견되는 가장 희귀한 색깔 중 하나인데, 이 꽃보다 더 푸른 색을 지닌 식물은 거의 없다. 크나큰 관심 속에 많은 사람이 찾는 이 놀라운 꽃은 차갑고, 습하며, 그늘진 조건에서 잘 자라기 때문에 정원에서 재배하기가 꽤나 까다롭다고 여겨진다. 하지만 이 식물은 숲 지대와 고산 지대에서 봄과 초여름에 걸쳐 곧추 자란 꽃줄기 위에 섬세한 하늘색 꽃잎들을 펼쳐 장관을 연출한다. 식물 사냥꾼 프랭크 킹던워드에 의해 히말라야에서 채집된 씨앗들이 1924년 유럽에 도착했을 때 센세이션을 일으켰는데, 오늘날에도 여전히 그렇다.

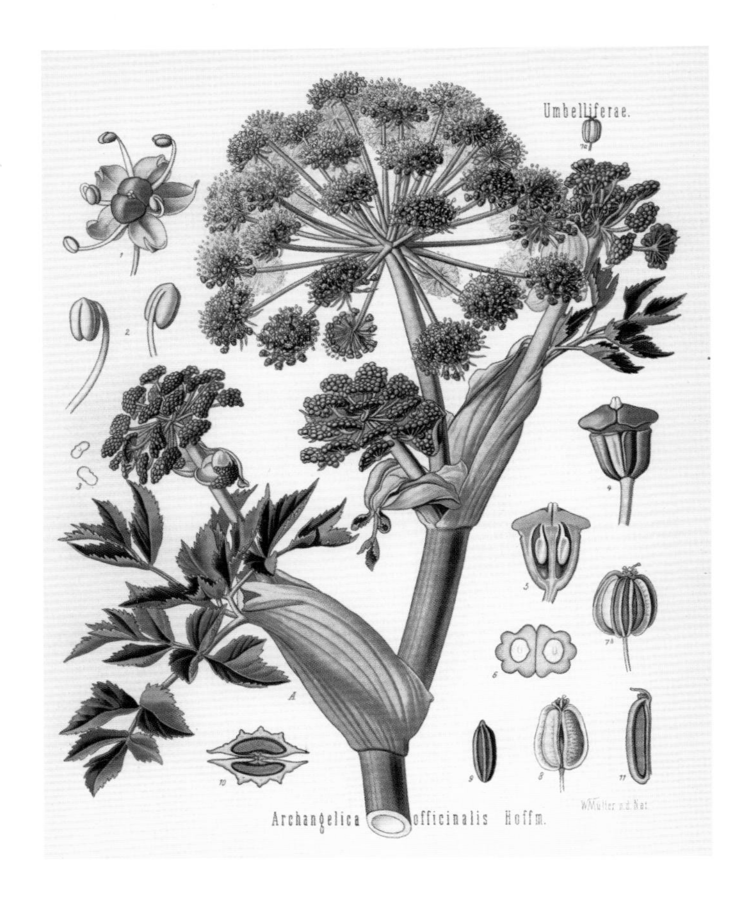

노르웨이당귀

ANGELICA

Angelica archangelica

《쾰러의 약용 식물》(1887)에 수록된 식물 세밀화. 발터 뮐러의 그림을 본뜬 다색 석판화.

이 허브의 이름은 14세기 식물학자이자 의학자였던 마테우스 실바티쿠스의 꿈에서 비롯된 것으로 추정된다. 대천사 미카엘이 그의 꿈속에 나타나 이 식물이 흑사병 치료에 사용될 수 있다고 알려주었다고 한다. 이 식물을 재배하거나 집 안에 가지고 있으면 마법으로부터 보호해준다고 믿었다. 이 식물은 전통적으로 결핵을 포함한 많은 질병 치료를 위한 의학적 용도로 전 세계 여러 곳에서 4천 년 이상 사용되어온 역사가 있다.

설령쥐오줌풀

VALERIAN

Valeriana officinalis

헨리 저스티스 포드의 그림 속에 묘사된 피리 부는 사나이가 이 식물을 이용했다.

이 식물은 사람에게 진정효과가 있어 수면촉진제로 사용된다. 뿌리 추출물을 차 또는 캡슐 형태로 이용할 수 있는데, 신경 안정제인 바륨과 비슷한 효과를 지니면서도 부작용이 없다. 사람에 대한 진정효과와는 대조적으로 고양이와 설치류에 대해서는 개박하catnip와 비슷한 방식으로 흥분작용을 일으킨다.《하멜른의 피리 부는 사나이》에서 주인공은 이 식물을 미끼로 쥐들을 도시에서 쫓아낸다.

수영

SORREL

Rumex acetosa

여름에 붉은색과 노란색 작은 꽃들이 원추 꽃차례로 피는데, 잎과 함께 샐러드로 먹을 수 있다.

'시금치 부두spinach dock'라고도 알려진 이 식물은 유럽 전역의 초원에 분포하며 곧은뿌리가 땅속 깊이 자란다. 최근에는 호주와 북아메리카 같은 나라에도 도입되어 척박한 토양에서 잘 자라고 있다. 이 식물은 전 세계적으로 먹거리로 이용된다. 어린잎은 옥살산 함유량이 많아 톡 쏘는 맛이 나는데, 다량 섭취 시 독성을 나타낼 수 있다. 또한 잎에는 비타민 A와 C가 풍부해서 역사적으로 괴혈병을 치료하는 데 사용되어왔다. 잎과 꽃은 모두 샐러드에 고명으로 곁들일 수 있다.

솔로몬의 인장

SOLOMON'S SEAL

Polygonatum multiflorum

5월과 6월에 걸쳐 피는 이 꽃은 나중에 검은색 열매로 발달한다.

속명인 '폴리고나툼'은 그리스어로 '많은 무릎'을 뜻하는데, 땅속에서 자라는 이 식물의 뿌리줄기를 따라 형성된 여러 마디를 나타낸다. 유럽 전역과 코카서스에 걸쳐 분포하는 이 식물은 그늘진 환경에서도 잘 자라고 아치형 꽃줄기에 우아한 꽃들이 피어 정원 식물로 가치가 있다. 꽃들은 꽃줄기 아래쪽으로 달리는데, 또 다른 영명인 '천국의 계단ladder-to-heaven'은 아마도 이 모습에서 비롯되었을 것이다.

코스모스

GARDEN COSMOS

Cosmos bipinnatus

위쪽 코스모스는 씨앗으로부터 쉽게 재배할 수 있으며, 초여름부터 서리가 내릴 때까지 오랜 기간에 걸쳐 개화한다.

오른쪽 노랑복주머니란은 6월과 7월 사이에 땅에서 자란 꽃줄기로부터 특이하게 생긴 꽃을 피운다.

멕시코에 파견된 스페인 사제들이 정원에서 이 꽃을 재배했는데, 그들은 고르게 펼쳐진 꽃잎들이 우주를 닮았다고 여겨 이 식물에 '코스모스'라는 이름을 붙였다. 이 단어는 그리스어로 '조화'와 '질서 있는 우주'를 의미한다. 이 식물은 결국 18세기 후반 스페인 주재 영국 대사 부인에 의해 멕시코에서 마드리드로 옮겨졌고, 1800년대 중반엔 미국으로 건너갔다. 꽃꽂이용 꽃으로 정원에서 인기 있으며, 진딧물을 유혹함으로써 이웃하는 다른 식물들에게 진딧물이 가지 않도록 보호해주기도 한다.

노랑복주머니란

LADY'S SLIPPER ORCHID

Cypripedium calceolus

유럽과 아시아가 원산지인 이 식물은 일반적으로 개방된 숲 지대에서 발견되지만 현재 영국에서는 매우 희귀하다. 20세기 후반에는 영국에 단 하나의 자생 군락만 발견되었다. 이후 이 식물은 별도로 재배 후 재도입되었으며, 위치는 비밀로 유지되면서 도난 방지를 위해 모니터링이 실시되었다. '시프리페디움'이라는 속명은 '비너스의 발'을 뜻하는 그리스어에서 유래했는데, 작은 신발을 닮았다고 여겨졌기 때문이다.

나도산마늘

WILD GARLIC

Allium ursinum

보통 5월과 6월 사이에 개화하는데, 잎은 꽃이 피기 전에 채취해야 더 맛이 좋다.

그늘진 숲에서 발견되는 이 식물은 고대 숲 지대의 지표 식물이며 벌과 다른 곤충들에게 중요한 꽃이다. 또한 잎으로 수프나 페스토를 만들 수 있으며, 잎과 꽃 모두 샐러드에 넣어 가벼운 마늘 맛을 낼 수 있어 인기 있는 식용 식물이다. 이 식물을 식별하는 가장 좋은 방법은 톡 쏘는 듯한 강한 향기, 뾰족한 잎, 그리고 각각 여섯 갈래로 뾰족하게 갈라진 별 모양 꽃이다.

메디닐라 마그니피카

ROSE GRAPE

Medinilla magnifica

《커티스의 보태니컬 매거진》(1850)에 수록된 월터 후드의 식물 세밀화.

필리핀의 습한 산악 지역이 원산지인 이 식물은 세계 여러 나라의 더 추운 지역에서 실내 식물로 재배된다. 포도송이처럼 매달려 피어나는 크고 매력적인 분홍색 꽃의 화환이 인상적이다. 다른 나무를 타고 자라며 꽃들을 아래로 늘어뜨리는데, 꽃이 진 후 분홍색 열매들이 무리 지어 달린다. 이 식물은 착생식물로, 땅이 아닌 다른 나무나 식물체 위에서 자라며 빗물을 흡수하고 주변에 썩어가는 식물로부터 양분을 얻는다.

꽃케일

FLOWERING SEA KALE

Crambe cordifolia

영국 글로스터셔에 있는 히드코트 정원의 사진 속 풍경처럼 꽃케일은 루피너스와 디기탈리스 같은 식물의 배경으로도 잘 어울리는 꽃이다.

양배추를 비롯한 다른 배추속 식물과 연관된 이 관상용 식물은 코카서스 지역이 원산지이다. 종명인 '코르디폴리아'는 '하트 모양'이라는 뜻의 라틴어에서 유래했는데, 이 식물의 잎 모양을 나타낸다. 먹을 수 있는 잎은 종종 가장 맛있는 요리를 위해 사용된다. 어린 꽃눈 또한 먹을 수 있는데, 브로콜리와 맛과 형태가 비슷하다. 꽃이 필 때는 작고 향기로운 하얀 꽃들이 거대한 물보라처럼 피어나 마치 큰 버전의 숙근안개초*Gypsophila paniculata* 같은 느낌이다.

스파티필룸 왈리시

PEACE LILY

Spathiphyllum wallisii

충분한 난방, 적절한 관수와 빛이 주어지는 실내에서 자주 꽃을 피운다.

빛이 부족한 곳에서도 잘 자라는 능력 때문에 전 세계적으로 실내 식물로 인기가 많다. 콜롬비아의 야생에서 꽃 피우는 모습이 식물 수집가들에게 발견되어 세상에 알려지게 되었다. 꽃의 중앙에 있는 육수 꽃차례에 꽃들이 밀집해 있고 그 주위로 흰색의 커다란 불염포가 감싸고 있다. '피스 릴리'라는 영명에서 알 수 있듯이, 이 식물은 종종 순결, 순수, 평화와 관련이 있는데, 백합 같은 하얀 꽃 때문이다.

6월 21일

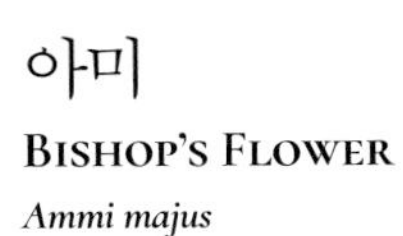

아미

BISHOP'S FLOWER

Ammi majus

유럽 남부, 아프리카 북부, 그리고 서아시아와 중앙아시아 일부 지역에서 발견되는 이 식물은 레이스처럼 생긴 산형 꽃차례에 모여 달리는 흰색 꽃으로, 정원에서 인기가 많으며 비슷하게 생긴 전호*Anthriscus sylvestris*보다 꽃이 더 섬세하다. 꽃꽂이용으로도 애용되며, 꽃이 진 후에도 그대로 두면 되새finch 같은 새들이 씨앗을 먹는다. 고대 이집트에서는 피부질환을 치료하기 위해 사용되었다.

붉은말채나무

COMMON DOGWOOD

Cornus sanguinea

위쪽 6월경 붉은말채나무에는 흰색의 작은 꽃들이 무리 지어 달린다.

왼쪽 아미는 6월 말에서 8월 사이에 걸쳐 흰색 거품 같은 꽃들을 풍성하게 피운다.

이 식물은 여름철 네 개의 꽃잎을 가진 크림색 꽃들이 피고, 뒤이어 다채로운 열매들을 맺는다. 말채나무 종류는 유럽 대부분 지역과 서아시아에 분포하며 관상용 식물로 널리 재배된다. 새로운 줄기는 겨울에 매우 화사한 붉은색을 띤다. 따라서 겨울철 볼거리를 제공하는 이들 새로운 줄기의 성장을 촉진하기 위해 매년 나무를 짧게 가지치기한다. 목재는 매우 단단해서 무거운 중량을 지탱하는 십자가를 만드는 데 사용되었는데, 예수의 십자가에도 사용되었다고 추정된다.

베고니아 그라킬리스

BEGONIA

Begonia gracilis

6월부터 첫서리가 내릴 때까지 개화하여 정원 식물로 인기가 많다.

많은 베고니아 중 서양에서 가장 먼저 기록된 종으로, 멕시코에서 발견되었으며 17세기에 기록으로 남겨졌다. 오늘날 상업적으로 판매되고 있는 많은 베고니아는 야생종들을 교배시켜 만든 교잡종으로, 그중 1500종 이상이 전 세계에서 자란다. 씨앗은 0.2밀리미터 정도로, 식물들 가운데 가장 작은 축에 속한다.

케린테 마요르

HONEYWORT

Cerinthe major

6월과 7월에 걸쳐
개화하는데,
종 모양의 꽃들이
무리 지어 달린다.

이 식물은 이탈리아, 그리스, 그 외 지중해 지역의 개방된 목초지와 초원에 분포한다. 속명인 '케린테'는 그리스어로 '밀랍'을 뜻하는 'keros'와 '꽃'을 뜻하는 'anthos'에서 유래했다. 밀랍 생산 과정이 완전히 이해되기 전에는 벌이 이 꽃으로부터 밀랍을 얻는다고 생각되었다. '푸르푸라스켄스*Purpurascens*' 품종은 특히 다채로운 포엽과 보라색 관 모양 꽃 때문에 정원 식물로 널리 쓰인다.

산마리노공화국의 우표에 그려진 캄파눌라 페리시키폴리아(1967).

캄파눌라 페리시키폴리아

PEACH-LEAVED BELLFLOWER

Campanula persicifolia

알프스와 그 외 유럽의 산악 지역에 널리 분포하는 이 꽃은 숲 가장자리, 활엽수림과 목초지에서 볼 수 있다. 정원에서 흔히 자라며 영국식 코티지 가든의 고전적인 식물로 여겨진다. 그리스 전설에 따르면, 한 목동이 비너스가 잃어버린 마법의 거울을 갖고 있었는데, 큐피드가 그 거울을 되찾기 위해 목동의 손을 쳤다. 거울은 땅에 떨어져 산산조각이 났고 각각의 조각의 떨어진 곳에는 이 꽃이 자라기 시작했다.

아프리칸메리골드

MEXICAN MARIGOLD

Tagetes erecta

이 꽃은 멕시코에서 고인들의 사진과 촛불과 함께 제단을 장식하는 데 쓰인다. 디즈니 픽사 애니메이션 영화 〈코코〉(2017)의 한 장면.

멕시코와 중앙아메리카 원산의 이 꽃은 매년 멕시코의 전통적인 망자의 날Día de Muertos 축제 동안 가정집 제단을 장식하는 데 사용된다. 사람들은 밝은 주황색 꽃의 향기가 영혼을 제단으로 불러오는 것을 돕는다고 여긴다. 이 꽃은 또한 살충제를 사용하지 않고 더 귀중한 식물이나 농작물을 해충으로부터 보호하기 위해 함께 식재하는 식물들 중 하나이기도 하다. 가령 토마토, 가지, 고추 사이에 이 꽃을 기르면 해충인 가루이가 대량 발생하기 전에 리모넨limonene이라는 화학 물질을 방출하여 이 해충들을 가까이 오지 못하게 한다.

아니스

ANISEED

Pimpinella anisum

1899년 영국 셰필드에서 처음 제조된 감초사탕 같은 전통적인 사탕류를 만드는 데 사용되었다.

서남아시아와 지중해 동부가 원산지인 이 식물은 전 세계에 걸쳐 차와 사탕류에 사용된다. 그리스의 우조, 이탈리아의 삼부카, 프랑스의 압생트를 포함한 알코올음료는 이 식물로 향을 낸다. 텃밭에서 재배하면 이 식물의 냄새가 해충을 쫓아내고 해충의 천적을 불러들여 살충제 사용을 줄일 수 있게 해준다.

사라세니아 알라타

PALE PITCHER PLANT

Sarracenia alata

포충낭 뒤쪽으로 고개를 숙이며 피어난 노란 꽃이 보인다.

이 식물의 변형된 잎은 먹이를 잡기 위한 것이다. 식물에 이끌린 곤충들은 포충낭 아래쪽으로 미끄러져 밑부분에 고여 있는 액체 속에 빠져 죽는다. 꽃은 연한 노란색, 녹색 혹은 불그스름한 색을 띠는데, 포충낭이 형성되기 약간 전에 먼저 핀다. 높게 자란 줄기 위에 꽃이 피어, 잠재적인 꽃가루 매개자들이 아래쪽 포충낭에 빠지는 것을 방지한다. 또한 각각의 꽃 머리가 아래쪽으로 처져 있고, 꽃가루가 담긴 꽃밥 또한 밑으로 늘어져 있어 꽃가루 매개자들이 더 쉽게 접촉할 수 있다.

미국개오동

CIGAR TREE

Catalpa speciosa

위쪽 주황색 줄무늬와 보라색 반점이 있는 화려한 흰색 꽃을 피운다.

오른쪽 늦여름까지 더우더 풍성하게 꽃을 피운다.

미국 중서부 원산의 이 식물은 관상용 나무로 널리 재배된다. 화려한 꽃잎 안쪽에 보라색 반점과 밝은 노란색 수술이 있다. 꽃이 진 후에는 콩 같은 커다란 녹색 꼬투리가 달린다. '카탈파'라는 속명은 오클라호마주 지역에 살았던 머스코지족이 붙인 나무의 이름에서 유래했으며, '스페키오사'라는 종명은 꽃의 '화려함'을 나타낸다. 이 나무에서 흔히 기생하는 카탈파 나방*Ceratomia catalpae*은 낚시에서 가장 좋은, 살아 있는 미끼 중 하나로 널리 알려져 있기 때문에 낚시꾼들의 많은 관심을 받고 있다.

베세라 엘레간스

Coral Drops

Bessera elegans

원래 멕시코가 원산지이며 우아한 꽃을 피우는 이 앙증맞은 알뿌리 식물은 1830년대 초 독일의 식물 사냥꾼 빌헬름 카르빈스키 백작에 의해 유럽으로 전해졌다. 식물의 맨 위쪽에 매달려 있는 우아한 붉은색 랜턴 같은 꽃들로 정원에서 인기가 있다. 꽃 안쪽을 들여다보면 패턴 혹은 줄무늬를 이루는 흰색 반점과 보라색 암술, 암술머리가 보인다.

스위트피

WILD SWEET PEA

Lathyrus odoratus

정원에서 재배하는 스위트피는 야생 친척으로부터 육종한 품종으로, 이달에 만개한다.

크레타, 이탈리아, 시칠리아가 원산지인 이 야생화는 1699년 수도사 프란시스퀴스 쿠파니에 의해 시칠리아에서 유럽으로 처음 도입되었다. 19세기 후반에 관상용 정원 스위트피가 개발되어 매우 큰 인기를 얻었고 오늘날까지 흔하게 재배되고 있다. 스위트피는 편안함과 즐거운 시작과 관련이 있으며, 보호와 행운을 상징한다. 속명인 '라티루스'는 '매우 열정적인'과 '향기 있는'을 뜻하는 그리스어에서 유래했다.

라플레시아 아르놀디

CORPSE FLOWER

Rafflesia arnoldii

지름이 1미터까지 자라는 이 선홍색의 꽃은 꽃가루받이를 도와주는 파리를 유혹하기 위해 썩은 고기와 닮은 모습이다.

세계에서 가장 큰 꽃을 자랑하는 이 식물은 뿌리와 잎이 없고, 광합성도 하지 않으며, 대신 다른 식물 속을 파고들어 영양분을 흡수하는 기생 식물이다. 다육성의 꽃은 꽃가루받이를 해주는 파리를 유인하기 위해 썩은 고기와 비슷한 모습과 냄새를 지니고 있는데, 보통 일주일 정도 지속된다. 수마트라와 보르네오의 열대 우림에 자생하는 이 희귀한 꽃은 인도네시아의 나라꽃 세 가지 중 하나이다.

연꽃

Lotus

Nelumbo nucifera

위쪽 인도네시아 타만 사라스와티 사원에 핀 연꽃.

오른쪽 위 이 꽃은 화훼 산업에서 매우 인기 있는 꽃이다.

오른쪽 아래 과거 영국의 3펜스짜리 동전에 새겨진 아르메리아 마리티마.

불교와 힌두교에서 순수와 깨달음을 상징하는 연꽃과 그 잎은 가장 더러운 물에서도 거의 기적처럼 깨끗하게 자라난다. 이것은 잎의 미세한 돌기들이 액체를 밀어내기 때문인 것으로 밝혀졌다. 잎의 초소수성 표면에 액체가 방울방울 맺혀 구슬처럼 굴러떨어지면서 사실상 스스로 청소하는 셈이다. 이는 '연꽃 효과'로 알려져 있는데, 자기 세정 효과가 있는 창문이나 팬과 같이 끈적이지 않는 제품의 기술을 개발하는 데 사용되어왔다.

7월 4일

알스트로메리아 아우레아

Peruvian Lily

Alstroemeria aurea

미니 백합 같은 이 식물은 남아메리카가 원산지이지만, 지금은 전 세계 여러 지역에서 자라며 꽃꽂이로 매우 인기가 높다. 꽃병에서 2주까지 유지되는 이 꽃은 향기가 없기 때문에 다른 꽃들에 특정한 알레르기가 있는 사람들이 즐길 수 있다. 18세기에 유럽으로 처음 도입된 이 꽃은 헌신, 우정, 번영에 대한 강한 긍정의 감정을 전해준다고 믿어진다.

7월 5일

아르메리아 마리티마

Sea Thrift

Armeria maritima

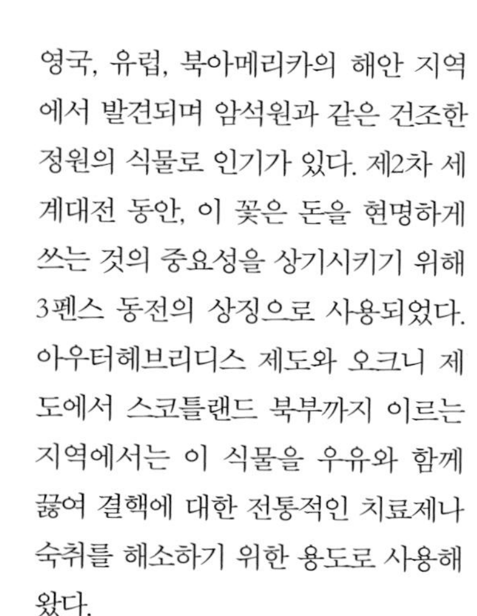

영국, 유럽, 북아메리카의 해안 지역에서 발견되며 암석원과 같은 건조한 정원의 식물로 인기가 있다. 제2차 세계대전 동안, 이 꽃은 돈을 현명하게 쓰는 것의 중요성을 상기시키기 위해 3펜스 동전의 상징으로 사용되었다. 아우터헤브리디스 제도와 오크니 제도에서 스코틀랜드 북부까지 이르는 지역에서는 이 식물을 우유와 함께 끓여 결핵에 대한 전통적인 치료제나 숙취를 해소하기 위한 용도로 사용해 왔다.

닥틸로리자 푸크시

COMMON SPOTTED ORCHID

Dactylorhiza fuchsii

이달에 꽃을 피우며, 도로 가장자리를 포함한 백악질 토양에서 잘 자란다.

이 식물은 유럽에서 가장 쉽게 발견할 수 있는 난초이다. 심지어 동아시아에서도 발견되며 캐나다에 귀화하기도 했다. 숲 바닥과 길가 가장자리, 오래된 채석장과 습지에서 자라며, 꽃이 필 때는 마치 카펫이 깔린 것처럼 보인다. 초록색 잎에 보라색 반점이 있고, 향기로운 꽃은 흰색부터 보라색까지 다양하며, 세 갈래로 갈라진 입술꽃잎에 독특한 분홍색 반점과 줄무늬가 있다.

아마존빅토리아수련

GIANT WATER LILY

Victoria amazonica

19세기 판화에 묘사된 아마존빅토리아수련. 꽃이 더 잘 보이도록 확대되어 있지만, 사실 지름이 3미터에 이를 만큼 놀라운 크기로 자라는 것은 잎이다.

세계에서 가장 큰 수련으로, 남아메리카 열대 지역이 원산지이다. 1837년 가이아나에서 수집된 씨앗이 영국에 도입되었고, 빅토리아 여왕의 이름을 따서 명명되었다. 향기로운 꽃은 이틀 밤 동안만 피는데, 첫날 밤에는 하얀색 꽃잎을 가진 암꽃으로 피어난 후 아침에 닫히고, 둘째 날 밤에는 분홍색 꽃잎을 가진 수꽃으로 다시 피어난다. 이것은 꽃이 자가 수분을 피할 수 있도록 해주는 자연 세계의 경이로움 중 하나이다.

해안꽃케일

SEA KALE

Crambe maritima

여름에 꽃이 피는 해안꽃케일은 이름에서 알 수 있듯이 해안 지역에 잘 자라는 케일을 닮은 식물로, 먹을 수 있다.

꿀 향기를 지닌 꽃과 푸르스름한 잎을 가진 이 식물은 18세기 정원에서 인기 있는 채소였다. 해안가, 자갈밭, 바위가 많은 해변에서 자연적으로 자란다. 십자화과의 다른 종들과 마찬가지로 각 꽃은 네 개의 꽃받침이 있다. 십자화과는 말 그대로 십자가의 네 부분을 나타내는 꽃잎의 수를 의미한다. 꽃을 포함한 식물의 모든 부분을 먹을 수 있다.

오프리스 아피페라

BEE ORCHID

Ophrys apifera

이 난초는 식물의 영리한 모방에 관한 예를 보여준다. 꽃은 암벌의 냄새를 발산할 뿐만 아니라 노란 반점이 있는 벨벳 질감의 갈색 입술 꽃잎과 날개처럼 보이는 꽃받침은 암벌와 똑같은 모습을 하고 있다. 이에 속은 수벌들은 꽃으로 날아와 짝짓기를 시도한다. 수벌이 꽃에 착지하면 꽃가루가 옮겨지는데, 여러 꽃들을 방문하면서 꽃가루받이가 이루어진다.

이 난초는 보통 매년 두 달 정도 개화하는데, 꽃은 꽃가루받이를 위해 벌과 닮은 모습을 하여 벌을 유혹한다.

스토크

COMMON STOCK

Matthiola incana

장 린덴의《원예 삽화집》(1885)에 수록된 조제프 드 파네마케르의 다색 석판화.

유럽 남부와 서부 해안에 분포하는 이 식물은 지중해 서부 지역에도 귀화했다. 절화용, 정원용으로 인기가 있는데, 특히 영국과 미국에서 많이 재배한다. 꽃은 정향을 연상시키는 향기를 지녔으며 행복과 만족의 상징으로 결혼식에 자주 사용된다. 꽃다발을 느슨하게 묶어 거꾸로 매달아 공기 중에 건조시키면 오랫동안 보존할 수 있다.

캘리포니아포피

CALIFORNIA POPPY

Eschscholzia californica

짧게 사는 숙근초로 여름철 대단위 군락으로 꽃이 피는데, 더 추운 기후에서는 일년초로 재배한다.

이 꽃은 1903년 공식적으로 캘리포니아주를 상징하는 꽃이 되었다. 황금색 꽃이 19세기 중반 '골드 러시gold rush' 동안 사람들이 찾아다녔던 '황금빛 들녘'을 나타낸다고 여겨졌기 때문이다. 차를 몰고 캘리포니아주로 진입할 때 고속도로를 따라 설치된 몇몇 환영 표지판에서 이 꽃을 볼 수 있다. 미국과 멕시코가 원산지이며, 밤 동안이나 흐린 날에는 꽃잎이 닫히기 때문에 화창한 날 야외에서 이 꽃을 가장 잘 즐길 수 있다. 이 꽃은 꽃대를 자르면 꽃잎들이 빠르게 떨어져버린다.

7월 12일

루피너스 앙구스티폴리우스

Narrow-leaved Lupin

Lupinus angustifolius

오늘날 대부분 관상용 정원 식물로 육종되어 재배되는 루피너스의 일부 종은 안데스산맥에서 6천 년 전까지 거슬러 올라가는 식용의

역사가 있다. 이 식물의 씨앗을 물에 담가 적신 후 굽거나 삶아 달콤하고 짭짤한 요리를 만들었다. '루핀'이라는 영명은 '늑대'를 뜻하는 라틴어에서 유래했는데, 들판에서 이 식물이 왕성하게 자라는 모습을 보고 로마인들이 붙인 이름이다. 그들은 이 식물이 영양분을 훔치고 있다wolfing up고 생각했다. 하지만 사실 다른 콩과 식물과 마찬가지로, 이 식물은 뿌리에 있는 박테리아로 공기 중 질소를 고정시켜 나중에 다른 작물들이 그것을 이용할 수 있게 한다.

아름다운 정원 식물이지만 뉴질랜드와 미국 일부 지역에서는 다른 자생 식물들을 밀어내는 침입성 식물이다.

델피니움 엘라툼

CANDLE LARKSPUR

Delphinium elatum

이 식물은 유럽뿐 아니라 아시아 북부와 중부 지역에 분포한다. 속명인 '델피니움'은 꽃의 모양 때문에 고대 그리스어로 '돌고래'를 의미하는 'delphis'에서 유래되었다. 북아메리카의 델피니움 종들은 일반적으로 아메리카 원주민들과 유럽 정착민들에 의해 사용되었는데, 수면과 휴식을 돕는 효능이 있고, 또한 파란색 염료를 만드는 데 쓰였다고 한다. 이 식물은 인간과 동물 모두에게 독성이 있으며 전갈, 이, 그리고 다른 기생충들을 물리치는 데 사용되기도 했다.

왼쪽 6월과 7월에 걸쳐 만개한다. 사진 속 품종은 델피니움 '스핀드리프트 Spindrift'이다.

오른쪽 케임브리지 공작부인이 2011년 자신의 결혼식 날 수염패랭이꽃이 포함된 부케를 손에 들고 있다.

수염패랭이꽃

SWEET WILLIAM

Dianthus barbatus

이 인기 있는 정원 식물은 유럽 남부가 원산지이다. '스위트윌리엄'이라는 영명의 유래에 대해서는 윌리엄 셰익스피어, 12세기 요크의 사제 윌리엄 또는 정복자 윌리엄의 이름을 따왔을 가능성을 포함하여 여러 설이 있다. 윌리엄 왕자와 케임브리지 공작부인의 결혼식에서 신랑이 신부에게 바치는 부케에 이 꽃이 포함되었다. 빅토리아 시대 사람들에게 이 식물은 용맹을 상징했다. 카네이션과 가까운 관계이며, 꽃은 먹을 수 있다.

아마란투스 크루엔투스

Red Amaranth

Amaranthus cruentus

이달에 화려한 미상 꽃차례로 개화한다. 사진 속 품종은 '벨벳 커튼Velvet Curtains'이다.

아마란투스는 여름에 자주색의 기다란 꽃을 피워 북반구의 정원에서 인기 있는 식물이다. 중앙아메리카의 아즈텍 사람들에 의해 처음 재배되었고 옥수수와 비슷한 방식으로 이용되었다. 오늘날 멕시코에서는 여전히 인기 있는 간식으로, 토착 문화의 상징이다. 아즈텍 사람들은 아마란투스 곡물과 꿀을 사용하여 신의 조각상을 만들고 그것을 종교 의식의 일부로 나누었다.

푸크시아 트리필라

FUCHSIA

Fuchsia triphylla

이달에 걸쳐 관 모양의 꽃을 피운다. 사진 속 품종은 '탈리아Thalia'이다.

이 식물은 서양에서 최초로 식물학적으로 기술된 많은 푸크시아 중 하나로, 1896~1897년경 프랑스의 수도사이자 식물학자였던 샤를 플뤼미에에 의해 카리브해의 히스파니올라섬에서 발견되었다. 오늘날 인기 있는 정원 식물로, 여름에 몇 달에 걸쳐 연속적으로 꽃이 핀다. 일부 종은 영국과 같은 온대 지방에서 겨울을 날 수 있다. 꽃은 또한 화려한 귀걸이를 닮아 '부인의 귀걸이lady's eardrop'라고도 불린다. 꽃이 진 후 맺히는 열매는 잼이나 젤리로 만들 수 있다.

《실용 식물 삽화집》(1840년경)에 수록된 메리 앤 버넷의 판화 속 아코니툼 나펠루스.

아코니툼 나펠루스

ACONITE

Aconitum napellus

투구꽃wolfsbane이라는 일반명으로도 알려진 이 꽃은 주로 유럽 서부와 중부에 분포하며 독성이 매우 강하다. '수도사의 두건monk's hood'이라는 영명은 꽃의 모양을 나타낸 반면, 속명인 '아코니툼'은 늑대를 죽이기 위해 화살촉에 이 식물의 즙을 사용한 것과 관련이 있다. 뿌리와 덩이줄기에서 발견되는 독성 화학물질인 아코니틴을 다량 섭취할 경우 위 질환과 어지럼증을 유발하고 심부전과 호흡 곤란을 일으켜 치명적일 수 있다.

코바이아 스칸덴스

CUP AND SAUCER VINE

Cobaea scandens

'컵과 컵 받침 덩굴cup and saucer vine'이라고도 불리는 이 식물은 이달에 커다란 종 모양의 꽃을 피우기 시작한다.

꽃의 모양 때문에 '멕시코 아이비Mexican ivy' 또는 '대성당의 종 cathedral bells'으로도 알려진 이 덩굴 식물은 멕시코가 원산지이다. 온대 지방의 정원에서 비내한성 식물로 널리 재배되며, 늦여름에 이국적인 보라색 꽃을 피운다. 야생에서는 박쥐가 꽃가루받이를 해준다. 속명인 '코바이아'는 17세기 잉카인들의 역사를 쓴 베르나베 코보의 이름을 따서 지어졌다. 이 식물은 찰스 다윈이 덩굴 식물의 메커니즘을 연구할 때 사용되기도 했다.

덴마크 앤 여왕이 말을 타고 있는 초상화. 저 멀리 윈저 성이 보인다. 시몬 드 파세의 판화 작품(1616년).

당근

WILD CARROT

Daucus carota

이 식물은 레이스 같은 잎과 평평하면서도 빽빽한 산형 꽃차례로 무리 지어 달리는 꽃들 때문에 '앤 여왕의 레이스Queen Anne's lace'라고도 알려져 있다. 전설에 따르면, 제임스 1세의 부인인 앤 여왕이 친구들로부터 레이스 꽃을 만들어달라는 어려운 청을 받았다고 한다. 그 꽃을 만드는 동안 그녀는 손가락을 찔렸는데, 그 결과 꽃의 중앙에 붉은 얼룩이 생겨 '앤 여왕의 레이스'라는 이름을 갖게 되었다. 이 식물은 독성이 있는 독미나리와 겉모습이 비슷하지만 줄기에 자줏빛 반점이 없다.

로도키톤 아트로스앙귀네우스

Purple Bell Vine

Rhodochiton atrosanguineus

지금부터 10월까지 꽃이 피며 늦여름을 장식한다.

멕시코가 원산지인 이 식물은 온대 우림의 가장자리와 소나무와 참나무 숲속 빈터 같은 곳에서 자란다. 1834년 《커티스 보태니컬 매거진》에 삽화와 함께 특집으로 소개되었고, 여러 식물원에서 큰 인기를 끌었다. 1828년 멕시코에서 뮌헨으로 씨앗이 전해진 후 전 세계로 퍼졌다. 오늘날엔 관상용 덩굴 식물로 널리 자라며, 기후가 따뜻한 곳에서는 여러해살이풀로 재배된다. 반면에 더 추운 지역에서는 매년 씨앗을 파종하여 여름 동안 재배한다.

분홍바늘꽃

ROSEBAY WILLOWHERB

Chamaenerion angustifolium

위쪽 보통 이달과 다음 달에 꽃이 절정을 이룬다.

오른쪽 위 히말라야물봉선은 침입성이지만 꿀이 풍부한 꽃은 꽃가루 매개자들에게 이롭다.

오른쪽 아래 이달에 꽃들이 만개하여 다채로운 색깔을 제공한다.

유럽, 아시아, 북아메리카의 온대 지역에 분포하는 이 꽃은 현재 잡초로 간주되는데, 한때는 히스랜드, 숲속 빈터, 산악 지역에서만 발견되었지만, 오늘날엔 전 세계의 많은 정원에서 자란다. 달맞이꽃, 푸크시아와 관련이 있으며, 각각의 식물은 놀랍게도 8만 개의 씨앗을 생산하여 스스로 매우 잘 퍼진다. 교란된 땅과 공터에 잘 번성하는데, 특히 산업 혁명과 두 차례의 세계대전을 겪은 격동의 시대 이후 영국에서 성공적으로 자랐다. 이 식물은 파괴된 땅에서도 살아남는 '폭탄 잡초bombweed'로 알려지게 되었고, 그 결과 전쟁을 연상시킨다는 이유로 더 이상 정원에서 즐길 수 없게 되었다.

7월 22일

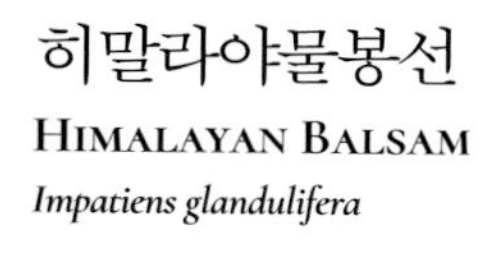

HIMALAYAN BALSAM

Impatiens glandulifera

아프리카봉선화의 침입성 사촌인 이 꽃은 오늘날 북반구의 많은 지역에서 볼 수 있다. 원산지는 히말라야로, 다른 지역에 도입되었으며, 원래 살던 곳의 높은 고도를 견딜 수 있기 때문에 영국 같은 곳에서 쉽게 자리를 잡을 수 있었다. 이 골치 아픈 식물은 수 킬로미터에 이르는 강둑과 그 외 축축한 곳들에 널리 퍼져 토종 식물들과 경쟁하고 있다. 하지만 한 해의 후반부에 꿀이 풍부한 꽃을 피우기 때문에, 다른 많은 식물들보다 늦은 시기에 벌들에게 먹이 공급원이 된다.

7월 23일

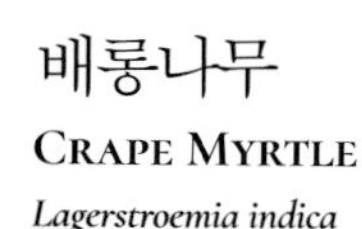

CRAPE MYRTLE

Lagerstroemia indica

중국, 일본, 인도차이나, 인도 아대륙, 동남아시아가 원산지인 이 식물은 몇 달에 걸쳐 주름진 크레이프를 닮은 흰색, 분홍색 또는 보라색 꽃을 피운다. 이 식물은 더운 날씨를 즐기며, 가뭄에도 어느 정도 견딜 수 있어서 미국의 남부 주와 같은 지역에서 인기 있는 관상용 식물이다. 나무껍질과 잎은 전통 의학에서 변비약으로 사용되어 왔고, 씨앗은 불면증 치료에 쓰였다.

이탈리아목형

CHASTE TREE

Vitex agnus-castus

《빈 디오스쿠리데스》(512년경)로 알려진 비잔틴 필사본에 수록된 그림. 이 식물의 모든 기관들이 묘사되어 있다.

지중해, 아프리카 북부, 서아시아가 원산지인 이 식물은 화려하고 향기로운 보라색 꽃을 피운다. 이 식물은 약초로 자주 사용되는데, 생리 전 증후군 치료를 위한 잠재적 효능에 관한 연구를 통해 관련 통증을 완화하는 데 도움이 되고 불임치료에도 효과가 있다는 것이 밝혀졌다. 이는 이 식물이 뇌를 자극하는 도파민성 화합물을 함유하고 있기 때문이라고 한다. '순결의 나무chaste tree'라는 영명과 관련하여, 이 식물은 성욕을 억제하는 것으로 믿어졌던 반면, 플라톤은 최음제로서 이 식물의 효능에 관해 기술하기도 했다. 하지만 이 두 가지 주장은 여전히 과학적으로 입증되지 않았다.

큰까치수염

GOOSENECK LOOSESTRIFE

Lysimachia clethroides

개화 중인 큰까치수염 군락은 무리 지은 거위들의 목과 머리를 닮았다.

이 식물의 총상 꽃차례는 가느다란 아치형으로 거위 목을 닮았다. 군락을 이루며 꽃을 피우는 모습이 장관이다. 이 식물은 원래 중국, 일본, 인도네시아가 원산지이다. '갈등을 느슨하게 해준다'라는 뜻의 영명('loosestrife')이 설명해주듯 이 식물은 고요함과 평온함을 불러일으킨다고 여겨진다. 고대 마케도니아의 전설에 따르면, 트라키아의 리시마코스 왕은 야생 황소를 진정시키기 위해 이 식물을 사용했다고 한다.

펜스테몬 바르바투스

GOLDEN-BEARD PENSTEMON

Penstemon barbatus

이 꽃에서 저 꽃으로 꽃가루를 옮겨주는 벌새에게 먹이를 제공한다.

미국 남부와 멕시코가 원산지인 이 식물의 꽃은 벌새에게 아주 매력적이다. 늦여름에 꽃을 피우는데, 이 시기는 멕시코에서 알래스카로 갔다가 다시 남쪽으로 돌아오는 적갈색 벌새의 이동 시기와 일치한다. 이 여행은 몸 길이로 측정했을 때 지구상의 어떤 새들보다도 긴 이주 거리이다.

산노각나무

MOUNTAIN CAMELLIA

Stewartia ovata

다른 나무들의 일반적인 개화 시기와 달리 7월경에 나뭇가지에 꽃을 피운다.

차나뭇과에 속하고, 음료를 만드는 데 사용되는 차나무와 관련 있다. 미국 남동부가 원산지로, 나무가 우거진 개울둑과 버지니아에서 앨라배마에 걸쳐 절벽 아래쪽에서 발견된다. 이 나무의 매력적인 꽃은 다섯 장의 흰색 꽃잎과 주황색 꽃밥을 가진 차나무 꽃과 매우 비슷하다. 꽃이 진 후 목질의 씨앗 꼬투리가 발달하는데, 다 익으면 갈라지며 열린다. 가을에는 나뭇잎이 주황색과 붉은색으로 물들어 아름다운 단풍을 제공한다.

해바라기

SUNFLOWER

Helianthus annuus

안토니 반 다이크의 〈자화상〉(1633년 이후). 캔버스에 유화.

이 유명한 자화상은 화가가 영국의 찰스 1세 국왕에 대한 헌신을 표현하고자 해바라기와 함께 있는 자신을 그린 것이라고 추정된다. 그림 속 해바라기가 상징하는 것은 화가가 왕을 헌신적으로 따랐던 것처럼 모든 생명의 근원인 태양을 하루 종일 좇으며 고개를 돌린다는 점이다. 실제로는 어린 해바라기만이 광합성에 필요한 최대한의 햇빛을 받기 위해 그렇게 움직이고, 다 자란 해바라기는 벌들에게 매력적이고 따뜻한 표면을 제공하기 위해 동쪽을 향한다.

엉겅퀴 기사단 예복을 입은 서식스의 공작, 아우구스투스 프레데릭 왕자(1773~1843)를 묘사한 그림. 엉겅퀴 엠블럼이 왕자의 휘장에 장식돼 있다.

서양가시엉겅퀴

Spear Thistle

Cirsium vulgare

스코틀랜드의 나라꽃인 이 식물은 스코틀랜드가 원산지가 아니라 16세기 이전에 유럽 본토에서 들여온 것으로 보인다. 하지만 오늘날 스코틀랜드에서 풍부하게 발견되며 스코틀랜드와 많은 관련이 있다. 스코틀랜드 여왕 메리(1542~1587)는 이 식물의 이미지를 장수의 상징으로 스코틀랜드의 국새에 새겨 넣었다. 1540년 스코틀랜드 제임스 5세가 '엉겅퀴 기사단'이라는 이름의 기사단을 창설했는데, 이때 엉겅퀴는 "나를 공격하는 자는 누구나 벌을 받으리라"라는 신조와 함께 그들의 휘장 문양 일부로 채택되었다.

바링토니아 아시아티카

SEA POISON TREE

Barringtonia asiatica

'바다 독 나무sea poison tree'라고도 불리는 이 식물의 꽃은 폭이 15센티미터에 이르며, 가늘고 화려한 수술을 많이 가지고 있다.

인도양, 태평양 서부와 그 주변 지역의 맹그로브 숲이 원산지인 이 식물은 네 장의 흰색 꽃잎과 끝이 분홍색인 수많은 섬세한 수술을 가진 매우 화려한 꽃을 피운다. 꽃이 진 후에는 네모난 모양 때문에 '박스 과일box fruit'로 알려진 열매를 맺는다. 이 식물은 모든 부분에 독성이 있다. 으깨어 걸쭉하게 만든 열매는 원주민들이 물고기와 문어를 잡는 데 사용되었다.

셈페르비붐 텍토룸

COMMON HOUSELEEK

Sempervivum tectorum

잎으로부터 돌출되어 자란 기다란 꽃줄기 위에 꽃들이 무리 지어 달린다.

유럽 남부 산악 지대가 원산지인 이 다육식물은 전 세계적으로 널리 재배된다. 로마인을 비롯해 여러 지방의 사람들이 건물 위에 이 식물을 기르면 번개로부터 보호를 받을 것이라고 믿었다. 실제로 8세기와 9세기 초, 서유럽 대부분을 통치했던 신성로마제국의 황제 샤를마뉴는 안전을 위해 모든 주택의 지붕에 이 식물을 키워야 한다는 법을 통과시킨 것으로 알려졌다. 로제트를 형성하는 잎 자체가 꽃을 닮긴 했지만, 이 식물 자체로도 꽃을 피운다. 일회 결실 monocarpic 식물이기 때문에 꽃이 피고 나면 죽지만, 수많은 새끼 식물을 만들어내기 때문에 계속 살아있는 것처럼 보인다.

느릅터리풀

MEADOWSWEET

Filipendula ulmaria

위쪽 여름철 들판과 목초지에 크림색 꽃을 풍성하게 피운다. 사진은 분홍바늘꽃과 함께 자라고 있는 모습이다.

오른쪽 워싱턴 D.C.의 미국 식물원에서 개화 이틀째를 맞이했다.

축축한 목초지와 강둑에서 자라며 달콤한 향기를 지닌 이 꽃은 키 높은 줄기에 꽃들이 거품처럼 몽실몽실 무리 지어 피어난다. 벌꿀 술에 풍미를 더하는 데 사용되었기 때문에, 그런 뜻을 가진 '메오두-스웨테meodu-swete'라는 앵글로색슨어에서 '메도스위트'라는 영명이 유래했다. 요크셔에서 이 식물은 '구애와 결혼courtship and matrimony'이라고 불리기도 하는데, 달콤한 향기를 지닌 꽃을 으깨면 소독약 냄새가 나는 살리실산을 방출하여 유쾌하지 않은 향기로 바뀌기 때문이다.

아모르포팔루스 티타눔

TITAN ARUM

Amorphophallus titanum

인도네시아 수마트라섬 서부에서만 발견되는 이 식물은 줄기가 갈라지지 않은 꽃 중 세계에서 가장 큰 꽃차례를 가지고 있다. 꽃 피는 부분은 높이가 3미터 이상 자랄 수 있으며, 수많은 작은 꽃들을 피운다. 속명인 '아모르포팔루스'는 '거대하고 기괴한 남근'을 뜻하는데, 이 꽃의 특이한 모양에서 비롯된 이름이다. 이 식물은 땅속 알줄기에서 자라며 꽃을 피울 만큼 충분한 에너지를 갖기까지 최대 7년이 걸린다. 꽃은 저녁에 피며, 한번 개화하면 밤 동안 그리고 일반적으로 다음 48시간 동안만 꽃이 열린 상태를 유지한다. 꽃이 피는 동안 온도가 상승하여 어떤 부분은 사람의 체온까지 올라가는데, 이것은 꽃가루받이를 도와줄 파리들을 유혹하는 썩은 고기 같은 냄새가 널리 퍼지도록 도와준다.

약재스민

COMMON JASMINE

Jasminum officinale

약재스민 꽃과 꽃봉오리는 인도의 결혼식에서 장식용으로 사용된다.

이 종은 가장 강한 향을 가진 재스민 중 하나로, 달콤한 꿀 같은 향을 풍부하게 지니고 있다. 15세기경 페르시아와 주변 지역에서 유럽으로 도입된 것으로 추정된다. 원래 신선한 꽃들을 모아 기름에 재워 연고를 만들었다. 약재스민의 향기는 인도 일부 지역에서 결혼식 장식용으로 사용되는 재스민과 함께 최음제 효과가 있다고 믿어진다. 아로마 테라피에 사용되는 재스민 향은 분위기를 북돋아주고 낭만적인 감정을 증가시킨다는 과학적 연구 결과도 있다.

웨일스포피

WELSH POPPY

Papaver cambrica

정원과 목초지에서
8월 무렵 만개한다.

웨일스의 고지대와 서유럽 등지에 분포하는 이 식물은 정원에서 관상용으로 널리 재배된다. 암반 지대의 습하고 그늘진 곳에서 번성하는데, 갈라진 틈이나 도시 서식지에서도 발견된다. 이 식물은 빙하가 후퇴한 후에 퍼진 북극 고산 식물상의 일부였을 것으로 추정된다. 향기가 없는 이 꽃은 자연주의적 효과를 위해 틈새를 메우고 길 가장자리를 부드럽게 하면서 정원에서 스스로 행복하게 씨를 뿌릴 것이다.

위쪽 뚜껑별꽃은 1905년 오르치 남작 부인이 이 식물의 영명을 제목으로 출판한 《스칼렛 핌퍼넬》이라는 제목의 소설로 유명해졌다.

오른쪽 위 7월부터 10월에 걸쳐 꽃이 핀다.

오른쪽 아래 보통 연중 두 달만 꽃을 볼 수 있다.

뚜껑별꽃

SCARLET PIMPERNEL

Anagallis arvensis

이 식물은 햇빛이 비칠 때만 꽃이 피어 흔히 '양치기의 기상 측정기 shepherd's weather glass'라고 불리기도 한다. '아나갈리스'라는 속명은 '다시 기뻐하다'라는 뜻의 그리스어에서 유래했는데, 매일 꽃이 피는 이 식물의 습성을 나타낸다. 고대 그리스에서는 항우울제로 복용되었으며 유럽의 전통 의학에서는 다양한 정신질환 치료제로 사용되었다. 이 식물은 유럽이 원산지이지만, 북아메리카를 포함해 전 세계에 귀화했다.

8월 6일

치커리

CHICORY

Cichorium intybus

민간전승에 따르면, 치커리는 보이지 않는 세계로 가는 문을 열 수 있다. 연인이 돌아오기만을 기다리던 파란 눈의 여인이 이 식물로 변했다는 독일 전설도 있다. 여인의 부모님은 그녀에게 새로운 사랑을 찾으라고 조언했지만, 그녀는 몇 주 몇 달 동안이나 그를 기다렸다. 그녀는 차라리 흔한 야생화로 변하길 원했고 그 바람대로 오늘날에도 여전히 그를 기다리고 있다. 꽃은 정오 무렵에는 닫히기 때문에 오전에만 분명하게 눈에 띈다.

8월 7일

모스카타접시꽃

MUSK MALLOW

Malva moschata

사향 냄새 때문에 '머스크 멜로'라는 영명을 가졌다. 유럽과 서아시아의 대부분 지역의 들판과 도로 가장자리에서 야생화로 자라지만 인기 있는 정원 식물이다. 이 식물은 고대 그리스인들이 무덤을 장식할 때 쓰였으며, 한때 최음제로 사용되기도 했다. 종종 야생화 초원 조성을 위한 혼합 식재 식물의 일부로 선택되는데, 꽃가루 매개자들에게 인기가 있다. 씨앗은 작은 달팽이 껍데기처럼 생겼고 미세한 황금빛 털로 덮여 있다.

스카이볼라 타카다

BEACH CABBAGE

Scaevola taccada

인도-태평양 열대 해안 지역에 분포하는 이 식물은 바닷물로 인한 해안 침식을 방지하고 염분 비말에 취약한 식물들을 보호해 준다. 특히 마리아나의 차모르족이 숨을 참으며 작살 낚시를 할 때 고통스러운 눈 염증의 완화를 위해 사용했고, 그 외 의학적 용도로 쓰였다고 한다.

니겔라

NIGELLA

Nigella damascena

위쪽 짧은 개화 후 꽃만큼이나 매력적인 씨앗 뭉치를 만들어낸다.

왼쪽 하와이의 검은 화산암 위에서 자라고 있는 스카이볼라 타카다의 잎.

'안개 속의 사랑love-in-a-mist'이라고도 알려진 이 예쁜 파란색 꽃은 초록색 주름 옷깃으로 둘러싸여 있다. 엘리자베스 여왕의 시대 이래로 영국 코티지 가든에서 인기 있는 식물이다. 유럽 남부와 아프리카 북부 지역이 원산지이다. 씨앗은 후추 향이 나기 때문에 종종 요리에 쓰인다. 황금방울새가 좋아하는 이 식물은 또한 항박테리아 및 항곰팡이 효능을 지니고 있어 전통 약재로 쓰여왔다.

리모니움 불가레

SEA LAVENDER

Limonium vulgare

이 식물은 사진 속 쐐기풀나비와 벌을 포함한 꽃가루 매개 곤충들에게 좋은 꿀을 제공한다.

오늘날 전 세계적으로 널리 퍼져 자라는 이 식물은 유럽 서부와 아조레스 제도가 원산지로, 염습지와 해안 평원에서 발견된다. '바다 라벤더'라는 영명으로 불리지만, 라벤더와는 관련이 없다. 특유의 보라색 꽃은 나비와 다른 꽃가루 매개자들에게 라벤더만큼이나 인기가 있다. 수상 꽃차례로 피는 꽃들은 마른 다음에도 그대로 붙어 있기 때문에 건조화 꽃꽂이용으로 사용된다. 아름다움, 동정심, 그리고 기억을 상징한다.

피버퓨

FEVERFEW

Tanacetum parthenium

여름 동안 데이지를 닮은 꽃을 피운다.

이 식물의 '피버퓨'라는 영명은 '해열제'를 의미하는 라틴어 'febrifugia'에서 유래했다. 이 식물의 꽃과 잎에서 발견되는 파르테놀라이드라는 화학물질은 건강에 유익하며, 염증을 완화시킨다. 고대 그리스와 초기 유럽의 약초학자들이 사용해온 오래된 역사가 있다. 일반적으로 2~3개의 잎을 신선한 상태로 또는 건조시켜 섭취한다. 발칸 반도가 원산지인 것으로 여겨지며, 19세기 중반에 미국에 도입되었다.

오른쪽 리처드 모리스의 《플로라 콘스피쿠아》(1826)에 수록된 윌리엄 클라크의 달맞이꽃 채색화.

다음 쪽 위 아르니카는 보통 매년 7월과 8월에 걸쳐 화사하게 꽃을 피우는 숙근초이다.

다음 쪽 아래 이 식물은 가늘고 긴 씨앗 때문에 황새부리stork's bill라는 영명을 얻었다.

달맞이꽃

COMMON EVENING PRIMROSE

Oenothera biennis

북아메리카 동부와 중부 지역이 원산지인 이 식물은 달맞이꽃 종자유(씨앗기름)의 원천이다. 영명에 앵초를 뜻하는 'Primrose'라는 단어가 포함되어 있지만, 앵초 종류와는 상관이 없다. 다만 꽃줄기를 따라 돌아 나는 노란색 꽃들이 앵초를 닮았다. 많은 달맞이꽃 종류는 저녁에 꽃을 피워 주로 야간에 먹이를 찾는 벌과 나방을 유혹한다. 식물체 대부분은 먹을 수 있으며, 잎은 꽃이 발달하기 전 부드러운 시기에 식용하기도 한다.

8월 13일

아르니카 몬타나

ARNICA

Arnica montana

유럽 태생의 이 꽃은 약용 식물로 수 세기 동안 사용됐지만 지금은 독성이 너무 강해 안전하지 않은 허브 종류로 분류된다. 구강 섭취 시 복통을 유발하고 외용했을 때는 피부 자극을 일으키기 때문이다. 하지만 이 식물은 오랫동안 타박상과 염좌 치료에 사용되어왔으며, 아르니카 추출물이 함유된 안전한 제품들도 많다. 자연 서식지에서는 점점 더 위협을 받고 있는데, 공급보다 수요가 훨씬 더 많기 때문이다. 많은 지역에서 현재 보호종으로 지정되어 있다.

8월 14일

세열유럽쥐손이

COMMON STORK'S BILL

Erodium cicutarium

이 식물은 대단히 흥미롭고 특별한 씨앗 분산 메커니즘을 가진다. 첫 번째는 저장된 에너지를 이용해 나선형 꼬리를 가진 씨앗을 발사한다. 두 번째는 씨앗이 스스로 땅속에 묻히게 한다. 습도 변화로 씨앗의 꼬리가 말리거나 풀리기를 반복할 수 있는데, 이것이 움직임을 일으켜 스스로 땅속으로 파고 들어가는 것이다.

파켈리아 타나케티폴리아

LACY PHACELIA

Phacelia tanacetifolia

영국 옥스퍼드셔에서는 이 식물의 꽃들이 보라색 카펫을 이루는 장관을 볼 수 있다.

'파켈리아'라는 이름은 그리스어로 '묶음'을 뜻하는 말로, 무리 지어 피어나는 이 식물의 향기로운 꽃송이들을 나타낸다. 바이올린 목 부분을 닮아 '피들 넥fiddle neck'(바이올린은 게르만어로 피들fiddle이라고도 한다–옮긴이)이라 불리기도 한다. 미국 남서부와 멕시코 북서부가 원산지이며, 사막 지역에서 가장 흔히 볼 수 있다. 농업에서 이 식물은 질소질을 많이 함유하고, 잡초를 억제하며, 특히 벌과 꽃등에를 유혹하는 데 효과적이기 때문에 녹비 작물로 사용된다. 또한 벌꿀을 가장 많이 생산하는 식물 중 하나이다.

파슬리

PARSLEY

Petroselinum crispum

유월절 기간에 파슬리는 다른 상징적 음식과 함께 식탁에 오른다.

파슬리는 그리스와 발칸 반도 주변 지역이 원산지이다. 요리용으로 인기 있는 잎과 함께 꽃 역시 먹을 수 있어 주로 요리 장식에 쓰거나 샐러드에 섞어 즐긴다. 유대교에서 파슬리는 이집트에서 이스라엘 민족의 초기 번영과 부활을 상징한다. 이 식물은 유월절 축제 기간에 제공되는 여섯 가지 상징적 음식 중 하나인 카르파스karpas에 사용된다.

솔라눔 락숨

POTATO VINE

Solanum laxum

'덩굴 감자'라고도 불리는 이 식물의 활짝 핀 꽃은 성숙하면서 보라색에서 흰색으로 옅어진다.

예쁘지만 독성이 있는 이 식물은 식용 감자뿐만 아니라 벨라돈나풀Deadly Nightshade을 닮았다. 따라서 이 식물을 취급할 때는 장갑을 착용해야 한다. 꽃은 감자꽃과 매우 비슷하지만 덩굴성으로 자라며 꽃의 색은 시간이 지남에 따라 연보라색에서 하얀색으로 변한다. 남아메리카가 원산지인 이 식물은 호주 일부 지역에도 귀화했으며 전 세계 정원에서 관상용 식물로 재배된다.

히솝

HYSSOP

Hyssopus officinalis

위로 곧추 자라는 수상 꽃차례에 수많은 여름 꽃들을 피운다.

박하과에 속하는 히솝은 유럽 남부와 동부 지역에 분포한다. 고대에는 사원이나 그 외 성스러운 공간을 깨끗하게 하는 데 쓰였다. 1597년 외과의사이자 약재상이었던 존 제라드에 의해 영국으로 도입된 후 매듭 정원knot garden의 주요 식물로 널리 쓰였다. 그는 세계에서 가장 유명한 식물학 책 가운데 하나인 《약초 의학서》를 저술하기도 했다. 2002년 연구에 따르면, 히솝의 말린 잎 추출물은 에이즈 바이러스의 확산을 억제하는 데 효과를 보였다고 한다. 히솝의 에센셜 오일은 또한 근육 이완제로도 효과가 좋다.

에피파구스 비르기니아나

BEECH DROPS

Epifagus virginiana

숲 바닥에서
미국너도밤나무의
뿌리로부터 자란다.

미국너도밤나무 뿌리에서 자라는 기생 식물이다. 대부분의 식물들처럼 스스로 양분을 만들어내지 못하고 숙주 식물로부터 자양분을 공급받아 살아간다. 북아메리카가 원산지이며 다른 식물에 심각한 해를 끼치지는 않는다. 두 종류의 꽃이 피는데 하나는 자가 수정을 하고 다른 하나는 다른 식물체와 타가 수정을 한다. 개화 후 맺히는 작은 씨앗들은 빗물에 의해 산포된 후 근처에 미국너도밤나무 뿌리가 있다는 화학 신호를 감지했을 때만 발아한다.

아마

LINSEED

Linum usitatissimum

위쪽 1950년대에 아일랜드 북부의 한 농부가 아마를 수확하고 있다.

오른쪽 수정난풀은 투명한 줄기마다 하나의 꽃이 핀다.

아마는 영양적 가치가 높아 오늘날 '슈퍼 푸드'로 여겨지지만, 먹거리와 기름의 용도로 수천 년 동안 재배되어왔다. 오메가-3 지방산을 많이 함유하고 있을 뿐 아니라 폐경기 여성의 호르몬 균형을 돕는다. 리넨은 이 식물의 섬유로부터 생산되는데, 이 천은 튼튼하고 면직물보다 더 빨리 건조되는 특징이 있다. 이 식물의 꽃은 북아일랜드의 상징이며, 산업 역사의 일부로서 리넨의 중요성을 상기시켜준다.

수정난풀

GHOST PLANT

Monotropa uniflora

'유령 식물'이라는 영명처럼 완전히 흰색의 유령 같은 모습으로 나타난다. 북아메리카, 남아메리카 북부, 아시아 온대 지방이 원산지이며 검은색 또는 분홍색 반점이 있다. 대부분 식물과 달리 이렇게 창백한 모습으로 자라는 이유는 엽록소가 없기 때문이다. 대신에 이 식물은 주변 나무에 붙어 있는 특정 균류로부터 영양분을 얻는다. 자랄 때 햇빛을 필요로 하지 않으며, 울창한 숲과 같이 매우 어두운 서식지에서도 발견된다.

멕시코수련

BANANA WATER LILY

Nymphaea mexicana

멕시코와 미국 남부가 원산지인 이 식물은 클로드 모네가 자신의 유명한 연못을 위해 구입한 최초의 수련 중 하나로 알려져 있다. 주문서상에는 모네가 붉은색 수련을 특히 좋아했다는 것이 명백해 보이지만, 그의 연못 정원에선 일반적으로 더 추위에 강한 하얀색과 노란색 수련이 특히 잘 자랐다. 모네는 프랑스 북부 지베르니에 '눈의 즐거움과 그리고자 하는 대상을 소유하기 위한 목적'으로 꽃이 가득한 정원을 만들고 약 250점의 유화 작품을 그렸다.

1918년 모네가 프랑스 수상 조르주 클레망소에게 선물하여 오랑주리 미술관에 소장 중인 〈수련〉 연작 상세.

8월 23일

잔쑥

MUGWORT

Artemisia vulgaris

국화과에 속하는 잔쑥은 종종 잡초로 간주된다. 하지만 눈에 잘 띄지 않는 이 꽃들을 사용한 역사는 수천 년을 거슬러 올라간다. 잎과 꽃 모두 먹을 수 있는 이 식물은 타라곤tarragon과 같은 속으로, 로즈마리와 세이지 향이 난다. 유럽, 아시아, 아프리카 북부 지역이 원산지이며, 로마 병사들이 아픈 발의 통증을 완화하기 위해 잔쑥을 신발 속에 넣어 다녔다고 한다. 이 식물은 또한 꿈의 생동감을 증가시키기 위해 사용되었는데, 차로 우려 마시거나 베개 근처에 두기도 했다.

8월 24일

마시멜로

MARSH MALLOW

Althaea officinalis

아시아와 유럽에 분포하는 마시멜로는 '습지'를 뜻하는 단어 'marsh'에서 유추할 수 있듯이 종종 습한 토양에서 자란다. 고대 이집트인들은 이 식물의 뿌리를 이용해 사탕과자를 만들었는데, 1800년대 와서 옥수숫가루와 젤라틴을 사용한 대체제가 개발되었다. 라틴어 속명인 '알타에아'는 '치유'를 뜻하는 그리스어에서 유래했는데, 이 식물의 잎과 뿌리는 산후통증을 완화하거나 안연고제를 만드는 데 사용되어왔다.

꿩복수초

PHEASANT'S EYE

Adonis annua

위쪽 여름에 생동감 넘치는 붉은색 꽃이 핀다.

왼쪽 위 잔쑥의 꽃은 뜨거운 물에 우려내서 허브차로 즐길 수 있다.

왼쪽 아래 마시멜로의 접시 모양 꽃은 보통 이달에 꽃이 피기 시작한다.

꿩복수초는 유럽, 지중해, 아프리카 북부, 아시아 서부 지역이 원산지이다. 영국에서는 과거 잡초로 간주되었던 이 식물은 들판에서 볼 수 있지만 집약 농법으로 인해 오늘날엔 멸종 위기에 처해 있다. 도롯가, 황무지, 그리고 개체를 늘리기 위해 의도적으로 씨앗을 뿌린 지역에서 여전히 발견된다. 숲이 개발되거나 토양이 교란될 때처럼 발아 확률이 더 높은 시기가 올 때까지 씨앗은 토양에서 오랫동안 휴면 상태를 유지할 수 있다.

우엉

GREATER BURDOCK

Arctium lappa

이달에 우엉의 갈고리 같은 포엽 뭉치로부터 모습을 드러내는 보라색 꽃을 볼 수 있다.

유럽과 아시아가 원산지인 우엉은 북아메리카와 호주와 같은 지역에 귀화해 잡초가 되었다. 종명인 '라파'는 '잡다'라는 뜻의 라틴어에서 유래한 것으로, 널리 산포되기 위해 보행자와 동물의 털을 붙잡는 갈고리 모양의 씨앗머리를 뜻한다. 서양과 중국의 전통에서 이 식물은 강력한 해독제라고 믿어진다. 어린 줄기와 뿌리는 먹을 수 있으며 채소로 이용되는데, 특히 일본에서는 '고보'라고 불리며 인기가 있다. 우엉은 민들레와 함께 중세부터 오늘날까지 차로 우려서 즐겨 마신다.

마거리트

MARGUERITE

Argyranthemum frutescens

커다란 데이지 꽃처럼 보이는 마거리트 꽃은 여름 동안 끊임없이 피어난다.

카나리 제도가 원산지인 이 식물은 육종을 통해 오늘날 정원에서 볼 수 있는 수많은 마거리트 품종들로 개발되었는데, 화단용 초화류 혹은 반내한성 관목류로 재배된다. 18세기 초부터 영국 첼시 피직 가든에서, 그 이전엔 아마도 옥스퍼드 식물원에서 재배되었던 것으로 보인다. 마거리트라는 이름은 '진주'를 뜻하는 옛 페르시아어에서 유래했으며, 이 꽃은 순수와 결백을 상징한다.

숙근안개초

BABY'S BREATH

Gypsophila paniculata

수많은 작은 흰색 꽃들이 무리 지어 피며, 주로 출산과 결혼을 기념하는 데 쓰인다.

석죽과에 속하는 이 식물은 유럽 중부와 동부에 분포한다. 가지를 치는 줄기에 아주 작은 흰색 꽃들이 피는데, 찬 공기에 입김이 나오는 것처럼 보여 '베이비스 브레스(아기의 숨)'라는 영명을 가지고 있다. 다른 꽃들의 훌륭한 배경이 되어주면서 꽃이 오래 지속되기 때문에 꽃꽂이 소재로 인기가 많다. 또한 같은 이유로 영원한 사랑을 상징하며 옛사랑을 떠올리게 하는 꽃이기도 하다. 아기를 출산한 부모를 위한 선물 혹은 결혼식 부케로 많이 이용된다.

중국금꿩의다리

CHINESE MEADOW-RUE

Thalictrum delavayi

꽃잎이 떨어진 후 솜털 같은 수술들이 많이 남는다.

중국, 미얀마, 티베트가 원산지인 이 식물은 관상용으로 재배되며 추운 기후에서 잘 자란다. 고사리 같은 잎과 함께 정원 디자이너들에게 인기가 많다. 키가 크고 바람이 잘 통하기 때문에 담장을 배경으로 한 화단의 뒤쪽에 주로 식재한다. 꽃잎이 떨어지면 많은 수술들이 남게 되는데, 솜뭉치 혹은 털모자 장식용 폼폼처럼 보인다. 친척인 미나리아재비와 마찬가지로 민달팽이에게 매력적이지 않다는 장점도 가지고 있다. 개화 후에는 매력적인 씨앗 뭉치가 달린다.

프렌치라벤더

FRENCH LAVENDER

Lavandula stoechas

꽃차례 윗부분의 보라색 포엽은 '버니 이어스'라고 불리며, 잉글리시라벤더 꽃과 구별할 수 있게 해준다.

꽃 윗부분에 보라색 꽃잎을 달고 있어 '토핑라벤더topped lavender'라고도 알려진 이 꽃은 잉글리시라벤더와 구별된다. '버니 이어스bunny ears'라는 애칭으로 불리는 토끼 귀 같은 꽃잎은 사실 포엽이다. 잉글리시라벤더가 더 추운 온도를 견딜 수 있는 반면, 프렌치라벤더는 더 진한 향기를 지닌다. 프렌치라벤더라는 이름은 이 식물의 원산지가 아니라 이 꽃이 가장 인기 있는 나라를 나타낸다. 잉글리시라벤더는 프랑스가 원산지이지만 영국 왕실의 향수로, 프렌치라벤더는 스페인이 원산지이지만 프랑스의 향수로 더 많이 사용되었다.

마크 케이츠비의 《캐롤라이나, 플로리다, 그리고 바하마 제도의 자연사》(1754)에 수록된 태산목 그림. 당시 그는 이 꽃을 마그놀리아 알티시마 *Magnolia altissima*라고 표기했다.

태산목

SOUTHERN MAGNOLIA

Magnolia grandiflora

하얀색의 커다란 꽃이 피는 태산목은 우리를 공룡의 시대로 데려간다. 최초의 꽃들이 바로 이들처럼 생겼기 때문이다. 양치류와 침엽수의 시대에 성공적으로 진화해 나왔으며, 날개 없는 원시 딱정벌레가 꽃가루받이를 도와줬다. 목련은 벌이 존재하기 전에 생겨났기 때문에 전혀 꿀을 만들지 않았고 지금도 여전히 그렇다. 연약해 보이는 꽃에도 불구하고 이 식물은 9500만 년 동안 거의 변하지 않은 채 살아남았다.

금어초

SNAPDRAGON

Antirrhinum majus

개화기가 길어 이달까지도 꽃을 볼 수 있다.

이 식물의 영명인 '스냅드래곤'은 꽃 뒤쪽을 꽉 쥐었을 때 꽃이 열리고 닫히는 방식 때문에 붙여진 이름이다. 유럽 남서부 지역이 원산지이며, 정원 식물로 인기가 많다. 고대 그리스·로마인들은 이 꽃이 악으로부터 자신을 보호해준다고 믿어 목 주위에 걸고 다녔다. 이른 시기 독일 전통 문화에서도 이 꽃이 악령으로부터 보호해준다는 믿음 때문에 아기 근처에 이 꽃을 매달아 두었다.

크나우티아 마케도니카

CRIMSON SCABIOUS

Knautia macedonica

이 꽃은 꿀이 풍부해서 사진 속 조흰뱀눈나비 같은 꽃가루 매개자들을 유혹한다. 사진 속 품종은 '멜튼 파스텔스 Melton Pastels'이다.

인동과에 속하며 바늘겨레 같은 꽃을 피운다. 더 흔히 볼 수 있는 크나우티아 아르벤시스*Knautia arvensis*와 비슷하다. 유럽 남부 지역이 원산지인 이 식물은 벌과 나비가 좋아하며 야생화 초원에 널리 있다. 꿀과 꽃가루가 풍부한 꽃뿐 아니라 새들이 좋아하는 씨앗도 많이 달린다. 진홍색 꽃은 곤충들에게 훌륭한 '착륙장'을 제공해준다.

벨라돈나풀

DEADLY NIGHTSHADE

Atropa belladonna

아우구스투스의 임종을 지키고 있는 리비아. 샬럿 욘지의 《그림으로 보는 세계 위대한 국가들의 역사》(1880년경)에서 발췌한 그림.

"내가 나의 배역을 잘 연기한 것 같지 않소?
그러면 내가 퇴장할 때 박수를 쳐주오."

–로마 아우구스투스 황제의 마지막 말(기원후 14년)

'아름다운 여인'을 뜻하는 종명 '벨라돈나'는 르네상스 시대 이탈리아 여인들의 위험한 행위와 관련 있다. 그들은 이 식물의 즙액을 눈에 떨어뜨려 동공을 확장시킴으로써 눈동자를 더 크고 매력적으로 보이게 했다. 이 식물 속에 들어 있는 아트로핀이라는 화학물질은 근육 이완제로 기능하여 눈동자를 키운다. 로마의 황후 리비아 드루실라는 건강이 좋지 못했던 남편 아우구스투스 황제를 살해하기 위해, 아니면 자살을 돕기 위한 약으로 이 열매의 즙액을 사용했다고 전해진다.

제라늄 프라텐세

MEADOW CRANESBILL

Geranium pratense

가을까지 목초지에서 볼 수 있는 가장 화려한 야생화 중 하나이다.

중앙아시아 알타이산맥이 원산지인 이 식물은 추운 날씨에 정원에서 인기가 있다. 씨앗을 생산할 때 곧게 선 줄기에 부리 모양의 꼬투리를 만들어내기 때문에 '학의 부리'를 뜻하는 '크레인스빌'이라는 영명을 가졌다. 한때 목초지에서 흔히 발견되었지만 집약 농법으로 인해 이제는 도롯가에서 더 자주 볼 수 있다. 전통의학에서 이 식물은 살균 목적으로 쓰였고, 콜레라와 이질 같은 질병을 치료하는 데도 이용되었다.

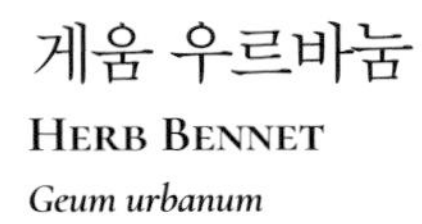

게움 우르바눔

HERB BENNET

Geum urbanum

이 식물은 다섯 갈래로 갈라지는 잎과 다섯 장의 꽃잎을 가진 꽃 때문에 기독교와 연관을 갖게 되었다(예수 그리스도의 상처 다섯 군데를 나타낸다고 믿어졌다). 라틴어로 헤르바 베네딕타 *herba benedicta*로 알려졌는데, 이것이 나중에 '허브 베넷'이라는 영명이 되었다. 이 식물은 씨앗이 맺혔을 때 눈에 더 잘 띈다. 씨앗 분산의 수단인 작은 갈고리들 덕분에 마른 열매 뭉치들이 옷이나 동물의 털에 잘 달라붙기 때문이다.

게움 리발레

WATER AVENS

Geum rivale

위쪽 이달은 게움 리발레의 꽃을 볼 수 있는 마지막 기회이다.

왼쪽 꽃과 씨앗 뭉치가 모두 매력적인 게움 우르바눔은 생육이 너무 왕성하여 정원에 골칫거리가 될 수도 있다.

유럽 북부와 중부, 북아메리카에 분포하는 이 식물은 초원과 숲 지대 같은 습한 서식지에서 발견된다. 전통적으로 위장병과 감기 치료에 사용되었다. 뿌리는 나방 기피제뿐 아니라 끓여서 핫초코 대용으로 마시는 데 사용되었다. 정원에 이 식물을 식재하면 야생동물들이 서식하기에 좋은 환경이 된다. 특히 잠자리, 나비, 벌에게 먹이를 공급하고 개구리와 도롱뇽에게 그늘을 제공한다.

캄파눌라 로툰디폴리아

HAREBELL

Campanula rotundifolia

스코틀랜드의 스코머섬에 캄파눌라 로툰디폴리아가 만개한 풍경.

회복력이 강한 이 야생화는 북반구 온대 지방의 바람이 잦은 해안과 헐벗은 언덕 비탈에서 자란다. 이 식물은 어린 시절과 겸손을 나타내며, 이 꽃에 대한 꿈은 진정한 사랑을 상징한다고 믿어진다. 스코틀랜드에서 이 식물은 '블루벨bluebell'로 알려져 있는데, 서식지 감소로 인해 멸종위기에 처해 있다. 토끼hare가 자주 다니는 곳에 자라는 꽃이라 하여 '헤어벨'이라는 영명이 붙었다. 민간전승에 따르면, 이 식물이 무리 지어 자라는 곳은 요정의 집이기 때문에 그 사이를 함부로 걸어다니면 안 된다고 한다.

커리플랜트

CURRY PLANT

Helichrysum italicum

샤토 드 발메Chateau de Valmer 정원 내부. 커리플랜트는 맨 오른쪽(노란색 꽃)에 있다.

이 식물은 원래 지중해 지역 주변이 원산지이다. 고대 그리스 로마인들은 황금 왕관 같은 효과를 내기 위해 이 꽃들로 화관을 만들어 조각상을 장식했다. 1세기경 대 플리니우스는 매콤한 향을 내거나, 나방으로부터 옷을 보호하기 위해 이 식물을 사용했다. 향수로 인기가 있으며, 이 꽃과 뽕잎을 섞어 누에에 먹이면 노란색 천연 실크를 얻을 수 있다. 이 식물은 이탈리아 사르데나에서 전통 의상을 만드는 데 사용된다. 커리플랜트라는 이름은 이 식물의 강한 냄새로부터 비롯되었다.

솔나물

LADY'S BEDSTRAW

Galium verum

영국의 초지대에 자라는 이 식물은 꿀 향기가 나며, 거품이 일듯 무리 지어 밝은 노란색 꽃을 피운다. 현대의 매트리스가 등장하기 전 침대에 사용되었다. 부드러우며 탄성이 있을 뿐 아니라 쓴 향기도 지니고 있어 벼룩을 쫓아내는 데 도움이 되었을 것이다. 중세 민간전승에 따르면, 성모 마리아가 솔나물과 고사리로 만든 침대에서 출산했는데, 솔나물 꽃은 아기 예수 탄생을 기려 흰색에서 황금색으로 변한 반면, 고사리는 아기 예수를 알아보지 못하여 결국 꽃을 잃어버렸다고 한다.

서양벌노랑이

BIRD'S-FOOT TREFOIL

Lotus corniculatus

위쪽 영국 전역에 분포하는 자생 야생화이다.

왼쪽 계절의 후반부에 접어들었지만 9월은 정원과 초원에서 솔나물을 감상하기 가장 좋은 달이다.

이 식물은 다양한 노란색, 종종 분홍빛이 도는 꽃 색 때문에 '달걀과 베이컨'이라는 별명을 가지고 있다. 영명에 '버드풋'이라는 단어가 들어간 것은 개화 후 형성되는 기다란 씨 꼬투리가 새 발처럼 생겼기 때문이며, '트리포일'은 세 장의 작은 잎을 가진 삼출엽三出葉을 나타낸다. 유라시아와 아프리카 북부의 온대 지방이 원산지인 이 식물은 오늘날 세계 곳곳에서 자라며 가축의 먹이로 사용된다.

에린기움 바리폴리움

MOROCCAN SEA HOLLY

Eryngium variifolium

위로 곧게 자란 줄기 끝에 뾰족뾰족한 꽃을 피운다.

북아프리카 북부가 원산지인 이 식물은 독립과 존경을 상징한다. 뾰족한 잎 때문에 '바다 호랑가시나무'라는 영명이 붙었지만, 호랑가시나무와는 관련이 없다. 이 식물은 곧은뿌리를 깊게 내려 해안 지역의 모래를 고정시킴으로써 침식을 방지하는 역할을 한다. 눈에 띄는 모양과 매력적인 색깔 때문에 정원 식물로 인기가 있다. 과거에 이 식물의 뿌리는 설탕에 절여 최음제로 사용되기도 했다.

디프사쿠스 풀로눔

COMMON TEASEL

Dipsacus fullonum

꽃차례를 자세히 보면 수많은 작은 보라색 꽃들을 볼 수 있다.

뾰족한 씨앗 뭉치는 겨울철 오색방울새 같은 새들에게 먹이를 공급하는데, 새들은 안쪽 씨앗들을 빼내기 위해 애써야 한다. 여름 동안 녹색의 두상 꽃차례에 고리를 이루며 피는 보라색 꽃들은 벌들이 좋아한다. 아프리카 북부, 유럽, 아시아에 분포하는 이 식물은 1700년대 북아메리카에 도입되어 귀화한 후 침입종이 되었다. 속명에 'dipsa'라는 단어는 '갈증'을 뜻하는 그리스어에서 유래했는데, 잎과 줄기가 만나는 지점에 물이 고여 있어 목마름을 해소해주기 때문이다. 줄기가 휘어 있고 더 강건한 재배 품종인 디프사쿠스 사티부스*Dipsacus sativus*는 초기 직물을 제조할 때 천을 짜는 데 쓰였다.

리난투스 미노르

YELLOW RATTLE

Rhinanthus minor

야생화 초원을 조성하고자 하는 사람들에게 인기 있는 한해살이풀인 이 반기생 식물은 토양으로부터 수분과 양분을 빨아들여 다른 꽃들이 자라는 것을 도와준다. 토양에 영양분이 줄어들면 주변에

다른 볏과 식물들이 번성할 수 없기 때문에 더 섬세하고 전통적인 종들이 경쟁에 살아남아 자랄 수 있게 된다. 꽃이 진 후 씨 꼬투리가 익으면 흔들었을 때 달가닥거리는rattle 소리가 나서 '옐로 래틀yellow rattle'이라는 영명이 붙었다.

가을까지 꽃이 피며, 새로운 야생화들이 자리 잡을 수 있도록 도와준다.

노루오줌

ASTILBE

Astilbe rubra

보통 이달 말까지 꽃이 피기 때문에 늦여름 정원에 색을 더한다.

꽃차례 모양 때문에 '가짜 염소 수염false goat's beard'으로 불리기도 하며 솜털 같은 꽃을 피우는 이 식물은 한국, 중국, 일본 등 동아시아가 원산지이다. 활엽수림 가장자리와 그늘진 강가를 따라 자란다. 과거 아스틸베 키넨시스*Astilbe chinensis*라는 학명으로 알려졌던 이 식물은 전 세계에 걸쳐 정원 식물로 재배된다. 1902년 영국에 도입된 내한성 숙근초 가운데 가장 중요한 식물 중 하나로 왕립원예협회 저널에 소개되기도 했다. 반음지에서 음지에 이르는 환경을 좋아하므로 그늘 정원의 까다로운 지역에 유용하다. 이 식물은 인내심을 상징한다.

루드베키아

CONEFLOWER

Rudbeckia hirta

하나의 줄기에 노랑, 주황, 빨강 등 강렬한 색깔의 꽃을 피운다.

미국 중부가 원산지인 이 식물은 초원을 복원하는 데 사용된다. 초기에 빠르게 자리를 잡아 토양을 안정시키고 침식을 방지하는 데 도움을 주고, 그 이후엔 더 오래 사는 다른 숙근초들에게 자리를 내주기 때문이다. 나비뿐만 아니라 새들에게도 좋은 은신처와 먹이를 제공하며, 늦은 시기에 꽃이 피어 정원에서 인기가 많다. 또한 그라스류와 함께 자연스러운 정원 스타일에 잘 어울린다. 루드베키아는 용기와 동기 부여를 상징한다.

풀협죽도

PHLOX

Phlox paniculata

풀협죽도 꽃은 색깔과 향기 덕분에 정원에서 인기 있다.

전 세계 정원에서 인기 있는 이 관상용 식물은 미국 동부와 중부 지역이 원산지이다. '플록스'라는 속명은 '불꽃'을 뜻하는 그리스어에서 유래했으며 영혼들이 하나가 되는 훈훈한 감정을 전해준다고 한다. 이 식물은 마법의 효능을 지니고 있다는 믿음 때문에 우정과 관계를 위한 주문에 사용되며, 동의와 이해를 상징한다.

반다 산데리아나

WALING-WALING

Vanda sanderiana

프레더릭 샌더의 《라이헨바키아 II》(1890)에 수록된 반다 산데리아나 그림.

난초과에 속하며 필리핀에서 꽃의 여왕이라고 알려진 이 식물은 지역 토착민들에게 영적인 의미를 가진다. 때때로 에우안테속 *Euanthe*으로 분류되기도 하고, 세계에서 가장 아름다운 난초 중 하나로 꼽힌다. 지나친 채취로 위기에 처한 이 식물을 보호하기 위해 필리핀에서는 나라꽃으로 지정하려는 시도도 있었다. 오늘날 야생에서는 매우 희귀하다.

보리지

BORAGE

Borago officinalis

보리지 꽃은 매력적인 장식으로 샐러드에 넣어 먹을 수 있다.

원래 지중해 주변 국가들이 원산지인 보리지는 로마인들에 의해 유럽에 도입된 후 많은 정원에서 재배되고 있다. 전통적으로 보리지 잎은 신선한 오이 같은 맛 때문에 '핌스 컵Pimm's Cup' 칵테일에 고명으로 사용되고, 또한 샐러드에도 넣어 먹을 수 있다. 별 모양의 파란색 꽃도 먹을 수 있는데, 풍미와 장식을 위해 식사와 음료에 첨가된다.

꽃도라지

LISIANTHUS

Eustoma grandiflorum

같은 과에 속하는 카네이션과 비슷한 꽃을 피운다.

석죽과에 속하며 '초원 용담prairie gentian'이라고도 불린다. 원래 텍사스 대초원으로부터 관상용 꽃을 위한 용도로 수집되었는데, 절화용으로도 인기가 있다. 오늘날 우리가 즐기는 꽃들은 일본에서 육종한 품종들인데, '텍사스 블루벨Texas Bluebell'로 처음 알려진 야생 식물로부터 더 많은 색깔의 재배 품종들이 개발되었다. 꽃도라지는 전통 의학에서 쓴맛으로 유명했기 때문에 '쓴 꽃'이라는 뜻의 '리시안서스'라는 영명을 갖고 있으며, 감사를 상징한다.

월피아 글로보사

ASIAN WATERMEAL

Wolffia globosa

월피아 글로보사의 아주 작은 잎들이 더 큰 잎들을 가진 수생 식물인 개구리밥 Spirodela polyrhiza 주변에 자라고 있다.

'아시안 워터밀'이라는 영명에서 알 수 있듯이, 이 수생 식물은 아시아 지역이 원산지이다. 아메리카 대륙 일부 지역에서도 서식하는데, 그곳들 역시 원산지일 가능성이 있다. 지름이 0.1~0.2밀리미터로, 세계에서 가장 작은 꽃식물로 알려져 있다. 태국 요리의 한 종류로 먹을 수 있으며, 물속의 과도한 영양 물질을 흡수할 수 있어 수로 정화 능력을 인정받았다. 식물로서는 이례적으로, 박테리아와 균류에서 더 자주 발견되는 비타민 B12의 공급원이기도 하다.

선옹초

CORNCOCKLE

Agrostemma githago

선옹초의 섬세한 꽃은 각각의 지름이 3~5센티미터 정도이다.

옥수수밭에서 처음 발견된 이 식물은 철기시대 농업과 함께 영국에 도입되었는데, 작물 경작지에서 잡초로 간주되었다. 20세기 초, 종자 정선 기술이 발전되고 농약 사용이 증가함에 따라 이 식물은 밀려나기 시작했고 지금은 야생에서 찾아보기 어렵다. 오늘날 야생화 혼합 씨앗에 사용된다. 여름 내내 개화하며, 지속성과 고상함을 상징한다.

패션 프루트

PASSION FLOWER

Passiflora edulis

패션 프루트 꽃의 다양한 부분은 각각 종교적 의미를 지닌다.

이국적으로 보이는 이 식물은 열대성 기후와 비열대성 기후 모두에서 재배된다. 특히 파시플로라 인카르나타*Passiflora incarnata*를 포함한 일부 종들은 비바람으로부터 보호된 정원 구역에서는 영하의 온도를 견딜 수 있다. 우리가 '패션 프루트'라고 부르는 식용 과일을 생산하는 종은 파시플로라 에둘리스*Passiflora edulis*이다. 16세기 남아메리카의 기독교 선교사들이 그리스도의 죽음을 설명할 때 그 상징으로 이 꽃을 사용한 후 '패션 플라워'(여기서 패션passion은 예수의 수난을 뜻한다 – 옮긴이)로 알려졌다. 이 식물에 부여된 여러 상징의 특징들 가운데 덩굴손은 채찍을 닮았고, 다섯 개의 수술과 세 개의 암술대는 각각 예수의 상처들과 십자가의 못들을 상징한다.

다알리아 '비숍 오브 란다프'

DAHLIA 'BISHOP OF LLANDAFF'

Dahlia 'Bishop of Llandaff'

이 꽃은 가장 인기 있는 다알리아 품종 중 하나이다.

최근 다시 큰 관심을 받고 있는 다알리아는 다양한 모양과 색깔을 지닌 꽃으로 인기 있는 정원 식물이다. 멕시코와 중앙아메리카가 원산지이며, 아즈텍인들은 다알리아의 덩이줄기를 식량 작물로 재배했다. 프랑스 식물학자 니콜라 조제프 티에리 드 메농빌은 1787년 멕시코 탐사 여행 중 오악사카의 정원에서 보았던 다알리아를 '이상하게 아름다운 꽃'이라고 기록했다. 2년 후 스페인 마드리드 왕립식물원에서 다알리아가 성공적으로 재배되었고, 점차 인기를 끌기 시작했다.

몰루켈라 라에비스

BELLS OF IRELAND

Moluccella laevis

이 식물은 '아일랜드의 종'이라는 영명으로 불리지만, 아일랜드에서 온 식물이 아니며, 튀르키예, 시리아, 코카서스 지역이 원산지이다. 아일랜드의 국가를 상징하는 색깔이 녹색인데, 이 식물의 잎이 아주 근사한 녹색이어서 그런 영명을 갖게 되었을 것이다. 꽃은 키 큰 줄기를 따라 맨 위까지 수상 꽃차례로 배열되며 초록색 종 모양으로 달리는데, 때로는 높이가 1미터에 이른다. 속명인 '몰루켈라'는 한때 이 식물이 자생했던 곳으로 간주되는 인도네시아 동부 몰루카 제도에서 유래했다. 이 식물은 행운을 상징한다.

우단동자꽃

ROSE CAMPION

Silene coronaria

위쪽 늦여름 정원에 색을 더한다.

왼쪽 보통 7월부터 9월까지 개화한다.

우단동자꽃은 유럽 남동부가 원산지인데, 이전에는 '램프'를 뜻하는 그리스어 'lychnos'에서 유래한 리크니스속*Lychnis*으로 분류되었다. 이는 램프 심지로 사용되었던 펠트 같은 잎 때문인 것으로 보인다. 종명인 '코로나리아'는 이 꽃이 전통적으로 화관에 쓰였음을 의미한다. 은회색 잎과 선홍색 예쁜 꽃들로 정원에서 인기가 많은 식물이다.

태청숫잔대

GREAT BLUE LOBELIA

Lobelia siphilitica

제왕나비 같은 나비들은 태청숫잔대의 꽃으로부터 꿀을 섭취한다.

라벤더-블루 색깔로, 나비와 벌 같은 꽃가루 매개 곤충들이 선호한다. 아래쪽 세 장의 꽃잎은 벌이 내려앉기 좋은 발판을 제공하는데, 벌은 자신의 몸무게를 이용해 꽃을 열고 안쪽으로 기어든다. 만약 벌의 등에 다른 꽃에서 묻혀온 꽃가루가 있다면 그것을 이번 꽃으로 옮겨줄 것이다. 어떤 벌은 입구가 아닌 꽃 밑부분에 구멍을 내어 꿀을 먹기도 한다. '시필리티카'라는 종명은 이 식물이 매독Syphilis을 치료할 수 있다는 거짓된 믿음에서 비롯되었다.

푸크시아 하치바치

HATSCHBACH'S FUCHSIA

Fuchsia hatschbachii

늦여름부터 9월에 걸쳐 꽃이 핀다.

브라질 토종 식물로 늦여름까지 꽃이 핀다. 추위에도 비교적 강해 겨울 동안 밖에 두어도 되므로 온대 지역에서 인기 있다(이 식물은 미국 농무성 식물 내한성 지도 8a 지역에 해당해 영하 10도까지 견딜 수 있다-옮긴이). 다른 많은 푸크시아 종류는 겨울철에 실내로 들이거나 꺾꽂이용 삽수를 채취해서 따로 번식해야 한다. 개화 기간이 길기 때문에 정원사뿐만 아니라 꽃가루 매개 곤충들에게도 유용하고 매력적이다.

바닐라

VANILLA

Vanilla planifolia

꽃이 피고 꽃가루받이가 이루어진 후 맺히는 바닐라 꼬투리는 6~9개월 후 수확할 수 있다.

바닐라는 서양 요리와 베이커리에서 수많은 디저트와 과자에 필수 재료로 여겨진다. 하지만 바닐라를 생산하는 식물은 생각보다 훨씬 더 이국적이다. 바닐라는 카리브해를 비롯해 아메리카 남부와 중부 지역이 원산지인 난초과의 식물이다. 스페인 사람들에 의해 유럽에 소개된 후, 엘리자베스 1세 여왕이 즐기면서 폭넓게 인기를 얻게 되었다고 한다. 오늘날 바닐라는 샤프란 다음으로 세계에서 가장 비싼 향신료 중 하나이다. 사실 바닐라 향 제품의 99퍼센트가 진짜 바닐라 에센스가 아닌 합성 원료를 사용하고 있다.

아스테르 아멜루스

EUROPEAN MICHAELMAS DAISY

Aster amellus

다른 많은 식물들의 개화가 끝나가는 초가을 무렵 꽃이 핀다.

속명인 '아스테르'는 '별'을 뜻하는 그리스어에서 유래했으며, 꽃의 모양을 나타낸다. 늦여름과 가을에 개화해 정원에서 선호되며, 많은 꽃가루 매개 곤충들도 좋아한다. 원래 10월 11일이었는데 지금은 9월 29일로 바뀐 성 미카엘 대천사 축일 무렵에 꽃이 핀다. 이 날은 대천사 성 미카엘과 모든 천사들의 축일로, 낮이 점점 짧아지고 날씨가 추워짐에 따라 우리를 보호하는 천사들을 위해 기도하는 것과 연관이 있다.

니코티아나 루스티카

WILD TOBACCO

Nicotiana rustica

프랑스 우표(1961)에 담배의 꽃과 잎뿐만 아니라 프랑스 외교관 장 니코의 얼굴이 그려져 있다.

정원에서는 담배속*Nicotiana*의 다른 식물들을 더 흔히 볼 수 있는데, 이 종은 다른 많은 품종에 비해 최대 9배에 이르는 니코틴을 함유할 정도로 강력하다. 남아메리카에서 마파초mapacho로 알려진 이 식물은 주술사들이 정신 활성 물질로 사용한다. 베트남 일부 지역에서는 식사 후 소화를 돕기 위해 이 식물을 흡연한다. 속명인 '니코티아나'는 16세기 프랑스 궁정에 담배를 도입한 프랑스 외교관이자 학자인 장 니코Jean Nicot의 이름에서 유래했다.

프로테아 키나로이데스

KING PROTEA

Protea cynaroides

화훼 장식에서 인상적인 꽃으로 유명한 프로테아 키나로이데스의 꽃 뭉치는 사실 수많은 작은 꽃들로 이루어져 있다.

남아프리카공화국의 나라꽃인 이 종은 프로테아*Protea* 종류 중 꽃이 가장 크다. 속명인 '프로테아'는 자신의 모습을 마음대로 바꿀 수 있는 그리스 신화의 신 프로테우스의 이름에서 유래했는데, 그만큼 색깔과 크기가 매우 다양하다. 프로테아 꽃은 인상적이고 이국적일 뿐만 아니라 꽃병에서 오랫동안 유지되기 때문에 꽃꽂이와 화훼 장식에 자주 사용된다.

안데르센 동화에서 엄지공주가 제비에 의해 구출되고 꽃의 요정 왕자를 만난다. 그의 주변에 커다란 흰색 꽃과 넓은 잎을 가진 식물은 '천사의 나팔'이라는 보통명으로 불리는 이 식물과 일치한다. 엘리너 베레 보일의 수채화 작품(1872).

브루그만시아 아르보레아

ANGEL'S TRUMPET

Brugmansia arborea

트럼펫 모양으로 강한 향기를 지닌 꽃들이 작은 나무를 장식하는 이 식물은 정원에서 인기가 많다. 남아메리카가 원산지이며, 현재 야생에서는 멸종했지만, 특히 아시아 지역의 정원에 자라거나 귀화 식물로 살고 있다. 굉장히 매력적인 이 식물은 비바람으로부터 보호된 정원에서는 최저 10도까지 온도를 견딜 수 있으며, 더 추운 곳에서는 겨울 동안 실내로 들여야 한다.

서양쐐기풀

NETTLE

Urtica dioica

이달에 여전히 꽃이 피는데, 꽃이 필 때는 설사를 유발할 수 있으므로 수확하거나 요리해서 먹지 않는 게 좋다.

서양쐐기풀의 황록색 꽃들은 줄기로부터 아래쪽으로 미상 꽃차례를 이루며 매달려 피어난다. 쐐기풀나비와 공작나비에게 먹이를 제공하는 등 야생동물들에게 매우 유익하다. 개화 후 맺히는 씨앗들은 새들이 좋아하는데, 사람들이 수확하여 먹을 수도 있다. 씨앗은 오메가-3 지방산을 함유하고 있어서 역사 기록에 따르면 광택 나는 갈기와 활력을 위해 말에게 먹였다고 한다.

물망초

FORGET-ME-NOT

Myosotis scorpioides

영국 전역에 걸쳐 분포하며 5월부터 10월까지 꽃이 핀다.

속명인 '미오소티스'는 그리스어로 '쥐의 귀'를 뜻하는데, 이 식물의 작은 잎 모양에서 비롯되었다. 물망초는 추억과 좋은 기억을 상징하기 때문에, 네덜란드에서는 때때로 장례식에 참석한 조문객들에게 물망초 씨앗을 나눠 주고 각자의 집에 심도록 하여 고인을 기린다. 이 꽃은 또한 진정한 사랑과 충성뿐 아니라 기억해야 할 비밀을 상징한다.

1899년 W. & D. 다우니의 사진 속에서 녹색 카네이션을 꽂은 오스카 와일드.

카네이션

CARNATION

Dianthus caryophyllus

이 식물의 속명인 '디안투스'는 '신들의 꽃'이라는 뜻의 그리스어에서 유래했다. 카네이션을 보통 '핑크'라고 부르는데, 이것은 꽃 색과 관련 있는 것이 아니라 핑킹 가위로 천을 자를 때 생기는 지그재그 모양의 주름 장식을 닮은 꽃잎 모양 때문에 생긴 이름이다. 카네이션은 지난 2천 년 동안 광범위하게 재배되어 그 기원을 정확히 알기 어렵지만 지중해 지역이 원산지로 여겨진다. 종종 상의에 꽂는 꽃으로 사용되는데, 1892년 오스카 와일드가 자신의 희곡 〈윈더미어 부인의 부채〉의 개막식 만찬 때 친구들에게 녹색 카네이션을 꽂게 하면서 이 색깔의 카네이션은 동성애의 상징이 되었다.

개박하

CATNIP

Nepeta cataria

'캣닢'이라고도 불리는 개박하는 요리용 허브인데, 고양이들도 좋아하며 개화기가 길다.

유럽, 중동뿐 아니라 아시아 남서부와 중부가 원산지인 개박하는 전 세계 다른 지역에도 귀화하여 야생에서 자란다. 다른 개박하속 *Nepeta* 종과 함께 3분의 2가 넘는 영국 고양이들에게 영향을 미치며 그들을 더없이 행복하게 하거나 공격적으로 만든다. 이 식물은 뇌를 자극하는 휘발성 화학물질을 방출하여 성적 반응을 일으킨다. 새끼 고양이들은 영향을 받지 않는다.

백일홍

COMMON ZINNIA

Zinnia elegans

여름 후반부에서 10월에 이르기까지 다채로운 꽃이 핀다.

멕시코가 원산지이지만 기르기가 쉽고 개화기가 길어 전 세계 정원에 널리 퍼져 자란다. 나비를 비롯한 꽃가루 매개 곤충들도 좋아한다. 전통적으로 작별 선물, 혹은 한동안 보지 못한 친구에게 애정을 표현하며 주는 꽃이었다. 유럽에 처음 도입되었을 때 이 꽃은 너무 흔하고 재배가 쉬워 '가난한 집의 꽃poorhouse flowers'이라고 불렸다고 한다.

마다가스카르재스민

STEPHANOTIS

Marsdenia floribunda

실내 식물로 인기 있으며, 잘 관리하면 이달에도 여전히 꽃을 피운다.

향기로운 꽃으로 실내 식물로도 인기 있는 이 식물은 아프리카 동부 연안의 마다가스카르섬이 원산지이다. '스테파노티스'라는 영명은 그리스어로 '왕관'을 뜻하는 'stephanos'와 '귀'를 뜻하는 'otis'가 합쳐진 말로, 이 꽃의 수술과 귀 모양 꽃잎의 배열을 나타낸다. '신부 화환bridal wreath'이라고 불리는 이 식물은 부부의 행복을 상징하여 부케로도 인기가 많다. 꽃이 지면서 진한 향기가 시큼하게 변하므로 시든 꽃은 바로 따주어야 한다.

각시체꽃

SMALL SCABIOUS

Scabiosa columbaria

오랫동안 꽃이 피며 다양한 곤충들에게 꿀을 제공한다.

아프리카와 유럽 일부 지역에 분포하는 이 식물의 속명 '스카비오사'는 로마인들이 옴scabies에 대한 치료제로 사용한 역사에서 유래했다. 이 초원 야생화는 정원에서 흔히 볼 수 있으며, 중심부가 핀쿠션처럼 생겨 '드워프 핀쿠션 플라워dwarf pincushion flower'라고 불리기도 하는데, 밖으로 튀어나온 수술들은 핀을 닮았다. 꽃은 특히 나비들이 좋아하며 줄기가 길어 절화용 꽃으로도 널리 재배된다.

스트렙토카르푸스 삭소룸

CAPE PRIMROSE

Streptocarpus saxorum

북반구에서는 이달에 마지막으로 피고, 남아프리카공화국에서는 이제 막 피기 시작한다.

아프리카 일부 지역이 원산지로, 인기 있는 실내 식물이다. '스트렙토카르푸스'는 그리스어로 '뒤틀린'을 뜻하는 'streptos'와 '열매'를 뜻하는 'karpos'가 합쳐진 말이다. 1818년 영국의 식물 수집가 제임스 보위가 스트렙토카르푸스의 씨앗을 큐 왕립식물원에 보냈다. 이는 오늘날 우리가 보는 놀라운 색깔의 스트렙토카르푸스 품종들을 만들어낸 수많은 재배와 육종의 시작이 되었다.

금잔화

Pot Marigold

Calendula officinalis

텃밭 정원에서 해충을 쫓는 식물로, 채소와 함께 식재한다.

유럽 남부와 지중해 동부 지역이 원산지로 여겨지며 워낙 오래전부터 재배되어 그 기원을 정확히 알기 어렵다. 꽃 자체는 먹을 수 있고 요리에 고명으로 곁들일 수 있으며, 차와 직물을 위한 염료를 만드는 데에도 사용되어왔다. 이 식물은 해충을 쫓아냄과 동시에 꽃가루 매개 곤충들을 끌어들여 텃밭 정원사들이 즐겨 식재한다.

콜키쿰 아우툼날레

Autumn Crocus

Colchicum autumnale

보라색의 예쁜 콜키쿰 꽃은 이달에 피어나기 시작한다.

가을에 피는 이 꽃은 봄에 피는 크로커스와 비슷하지만 잎이 나기 전에 피었다가 지기 때문에 '네이키드 레이디스naked ladies'라고 불리기도 한다. 숲 지대, 건초 목초지, 그리고 유럽과 뉴질랜드의 정원에서 자란다. '메도 사프란meadow saffron'으로도 알려진 이 식물은 진짜 사프란과 혼동되어서는 안 된다. 식물체 모든 부분이 사람과 동물이 섭취했을 때 위험하기 때문이다. 하지만 이 식물에 들어 있는 독성 화학 물질인 콜히친은 통풍을 치료하는 데 사용되어왔다.

등대풀

SUN SPURGE

Euphorbia helioscopia

영국에서 등대풀은 보통 5월에서 10월까지 꽃이 핀다.

유럽, 아시아, 아프리카 북부를 포함한 전 세계 많은 지역에 분포하며 우유 같은 독성 유액을 지니고 있어 '매드 우먼스 밀크mad woman's milk'라고 불려왔다. 이 식물의 유액은 전통적으로 사마귀 치료에 사용되었지만 감광성 피부 반응을 유발하는 자극을 일으킬 수 있으며 섭취 시 독성이 있다. 스코틀랜드 저지대와 같은 일부 지역에서 점차 희귀해지고 있는데, 이 식물이 선호하는 경작지가 감소하고 있기 때문이다.

에키나시아

PURPLE CONEFLOWER

Echinacea purpurea

영명 '콘플라워'는 이 꽃의 중심부에 있는 원뿔 모양의 관상화에서 유래했다.

북아메리카가 원산지인 이 식물은 해바라기와 친척이다. '에키나시아'라는 속명은 '가시 돋친' 성게 혹은 고슴도치를 뜻하는 그리스어 'echinos'에서 유래했다. 전통적으로 아메리카 원주민들은 기침과 위경련뿐 아니라 화상이나 벌레 물린 데 이 식물을 사용했다. 연구에 따르면 이 식물은 면역 체계 활성화뿐 아니라 항염증 효능까지 지니고 있다.

크나우티아 아르벤시스

FIELD SCABIOUS

Knautia arvensis

보통 7월부터
10월까지 꽃이 핀다.

이 식물은 한 개체당 50송이까지 꽃을 만들어내며 씨앗을 먹는 되새류와 홍방울새를 비롯한 야생동물들에게 풍부한 먹이를 제공한다. 딱지 투성이 피부scabby skin를 닮은 줄기의 거칠고 털이 많은 질감 때문에 '필드 스캐비어스field scabious'라고 불린다. 고대의 약초학자들은 질병이 발생한 신체 부위와 닮은 식물을 사용하여 그 질병을 치료했는데, 이를 '약징 주의'라고 한다. 이에 따라 이 식물은 옴을 치료하고 가려움을 완화시키는 데 사용되었다.

털여뀌

KISS-ME-OVER-THE-GARDEN-GATE

Persicaria orientalis

피에르 조제프 부초즈의 《중국과 유럽 정원의 가장 아름답고 신기한 꽃 모음집》(1776)에 수록된 동판화 속 털여뀌.

중국이나 우즈베키스탄이 원산지로 추정되며, 특히 미국의 정원에서 인기 있다. 토머스 제퍼슨 대통령이 이 선명한 꽃을 아주 좋아했다. 이 식물은 또한 '공주 깃털princess-feather'로 알려져 있다. 길고 부드러운 아치를 이루며 수상 꽃차례로 피는 분홍색 꽃들 때문일 것이다. 벌새를 비롯한 꽃가루 매개자를 유혹하고 스스로 씨앗을 너무 잘 뿌려 일부 사람들에게는 매력도가 떨어지기도 한다.

페루꽈리

Apple of Peru

Nicandra physalodes

장식적인 열매 때문에 페루꽈리라고 불리며 어두운 색의 꽃봉오리와 활짝 핀 꽃이 동시에 달려 있다.

가짓과에 속하며, 남아메리카 서부의 페루 같은 나라들이 원산지로 여겨진다. 매력적인 꽃과 특이한 열매 때문에 정원에서 재배하는데, 때때로 건조시켜 꽃꽂이에 사용한다. 새 모이를 주는 사람들에 의해 의도치 않게 이 식물의 씨앗들이 뿌려져 정원에 발견될 수도 있지만 겨울이 추운 곳에서는 살아남지 못한다. 세계의 일부 농업 지역에서 이 식물은 잡초로 여겨지지만 온실가루이를 방지하기 위해 유리 온실에서 재배되기도 한다. 그래서 이 식물의 또 다른 이름은 가루이를 쫓아낸다는 뜻의 '슈-플라이 플랜트shoo-fly plant'다.

루엘리아 후밀리스

WILD PETUNIA

Ruellia humilis

낮게 자라는 이 식물은 꽃을 풍성하게 피운다.

미국 동부 지역이 원산지인 이 식물은 초원, 들판, 개방된 건조 삼림 지대에서 발견된다. '후밀리스'라는 종명은 낮게 자라는 이 식물의 특성을 나타낸다. 야생동물을 위한 자생 식물로서 북아메리카의 정원에 점점 더 많이 사용되고 있다. 건조한 환경에서 잘 자라기 때문에 영국의 정원사들에게도 인기가 많다. 속명인 '루엘리아'는 프랑스 국왕 프랑수아 1세의 내과 의사이자 약초학자였던 장 루엘 Jean Ruelle(1474~1537)의 이름을 딴 것이다.

로테카 미리코이데스

BUTTERFLY BUSH

Rotheca myricoides

부들레야(315쪽 참조)와 혼동하지 말아야 할 이 식물은 보츠와나에서 이달에 꽃이 피기 시작한다.

나비를 유혹하는 부들레야와 마찬가지로 '버터플라이 부시'라는 영명을 가진 이 꽃은 진정으로 이 이름에 어울린다. 보라색 꽃이 나비 같은 모양으로 피기 때문이다. 각각의 꽃은 날개처럼 보이는 네 장의 연한 파란색 꽃잎을 가지고 있다. 다섯 번째 꽃잎은 짙은 파란색으로 나비의 머리, 흉부, 복부를 닮았다. 마지막으로 더듬이처럼 휘어진 화려한 수술들이 있다. 꽃이 진 다음에는 과육이 많은 검은색 열매가 달린다. 아프리카가 원산지이며 이 식물은 오늘날 전 세계에 걸쳐 재배된다.

시클라멘 헤데리폴리움

IVY-LEAVED CYCLAMEN

Cyclamen hederifolium

가을에 개화하므로 이달에 정원과 숲 지대에서 볼 수 있다.

지중해 중부와 동부 숲 지대와 암반 지대가 원산지인 시클라멘은 잎이 아이비*Hedera* spp.를 닮아 '헤데리폴리움'이라는 종명이 붙었다. 덩이줄기에서 자라는 꽃줄기는 종종 개화 후 뒤틀리며 씨앗 뭉치를 지면에 가깝게 이동시킴으로써 씨앗의 분산과 발아를 돕는다. 고대 그리스인들은 사랑의 묘약으로 쓸 케이크를 만들기 위해 이 식물의 덩이줄기를 사용했다고 한다. 또한 탈모 치료와 분만을 촉진시키는 데 쓰이기도 했다.

둥근잎나팔꽃

COMMON MORNING GLORY

Ipomoea purpurea

10월까지 개화하여 정원사들에게 인기가 있다.

멕시코와 중앙아메리카가 원산지인 둥근잎나팔꽃은 전 세계 많은 지역에 정원 식물로 도입되었고, 지금은 잡초로 간주한다. 빨리 지는 꽃들이 풍성하게 피는데, 매일 아침 해가 뜨면서 새로운 꽃들이 피어나 '모닝 글로리'라는 영명으로 불린다. 씨앗은 d-리세르그산 아마이드(LSA)를 함유하고 있으며, 섭취 시 엘에스디(LSD) 약물과 유사한 환각 작용을 일으킬 수 있다.

레몬밤

LEMON BALM

Melissa officinalis

6월부터 10월에 걸쳐 흰색의 작은 꽃들을 피운다.

꿀풀과에 속하는 이 식물은 오늘날 널리 귀화하여 자라고 있지만 원래 유럽, 아시아, 이란, 지중해 일부 지역이 원산지이다. 벌이 아주 좋아하여 꿀 생산에 사용된다. 10세기 이래로 약으로 쓰였으며 더 최근의 임상 실험에 따르면 수면을 돕고 스트레스를 낮추는 데 효과적이다. 잎을 뜨거운 물에 우려내 차로 마실 수도 있지만, 목욕 시 꽃줄기를 입욕제로 넣어 사용할 수도 있다.

헬리코니아 로스트라타

LOBSTER CLAW

Heliconia rostrata

이 꽃은 구릿빛 머리를 가진 에메랄드 벌새 같은 새들이 좋아한다.

중앙아메리카 남부, 남아메리카 북부 지역이 원산지인 이 식물은 다른 헬리코니아 종과 달리 꽃이 아래쪽을 향해 핀다. 위쪽을 향해 피는 꽃은 새와 곤충을 위해 물을 저장할 수 있지만, 아래쪽을 향하는 꽃은 새에게 꿀을 제공할 수 있다. 열대 정원에서 인기 있는 이 식물은 벌새를 유혹한다. '랍스터 집게발'이라는 영명은 꽃 주위 포엽이 부리 모양으로 생긴 데서 비롯되었는데, 포엽은 화려한 색깔로 꽃가루 매개자들을 유혹한다.

가우라

WHITE GAURA

Gaura lindheimeri

미국 텍사스와 루이지애나 남부 지역이 원산지인 이 식물은 전 세계 온대 지방에서 인기 있는 정원 식물이다. '휠링 버터플라이Whirling Butterflies'라는 품종이 특히 유명한데, 키 큰 줄기에서 피어나 바람에 흔들리며 춤추는 수많은 섬세한 꽃들이 마치 이 식물을 즐겨 찾는 나비들처럼 보인다. 야생에서는 대초원과 소나무 숲에서 발견되는데, 어느 정도 가뭄도 견딜 수 있는 내성이 있어 정원사들이 좋아한다.

프루넬라 불가리스

SELFHEAL

Prunella vulgaris

위쪽 뜨거운 물에 담가 허브차로 마실 수 있다.

왼쪽 가우라 '휠링 버터플라이'는 꽃이 아주 많이 피는 인기 품종이다.

꿀풀과에 속하며 대부분의 온대 지방에 분포하는 이 식물은 개화기가 길며 파란색에서 흰색 또는 분홍색까지 다양한 꽃을 피운다. 많은 지역에서 침입종으로 여겨지고 잡초로 취급되고 있지만 식물체 전체가 식용 가능하며 약용으로 써온 오랜 역사를 가지고 있다. 쐐기풀에 쏘였을 때를 비롯하여 피부 자극을 완화시키는 데 사용되었고, 발열과 심장 질환을 비롯한 질병 치료를 위해 차로 우려내 마셨다. 연구에 따르면 이 식물은 우르솔산을 함유하고 있어 실제로 항산화 및 항염증 효능을 지니고 있다.

하와이무궁화

CHINESE HIBISCUS

Hibiscus rosa-sinensis

싱가포르 스리 비라 마칼리암만 사원에 있는 힌두교 여신 칼리의 조각상.

관상용 꽃으로 재배되는 하와이무궁화는 태평양 제도에서 샐러드로 식용되며 다른 많은 용도로도 쓰인다. 인도에서는 구두를 닦는 데 사용된다. 붉은색 품종은 시간, 최후의 심판, 죽음의 여신인 칼리를 숭배하는 데 쓰인다. 중국에서는 이 식물이 약효를 지니고 있다고 여겨지는데, 전통적으로 이질과 설사를 치료하는 데 사용되었다. 1960년 이래로 나라꽃으로 지정된 말레이시아에서 이 꽃을 부르는 이름은 '축하의 꽃'이라는 뜻을 지니고 있으며, 모든 지폐에 그려져 있다.

우네도딸기나무

STRAWBERRY TREE

Arbutus unedo

이 나무에는 꽃과 열매가 동시에 달리는데, 열매는 딸기를 닮았다.

딸기나무에 달리는 열매는 딸기를 닮은 식용 베리로 알려져 있으며 성숙하는 데 12개월이 걸린다. 붉게 익을수록 맛이 더 달다. '우네도'라는 종명은 대 플리니우스로부터 유래되었는데, 그는 이 열매에 대해 "나는 오직 하나만 먹는다unum tantum edo"라고 말했다고 한다. 그 열매가 너무 맛있어서 하나면 충분했기 때문인지, 아니면 그가 그 열매를 그다지 좋아하지 않아서 더 이상 먹길 원하지 않았기 때문인지는 알 수 없다.

가시자두

BLACKTHORN

Prunus spinosa

봄에 꽃이 피지만 이달에 열매를 수확하여 슬로진을 만드는 데 쓸 수 있다.

비슷하게 생긴 산사나무와 종종 혼동하기 쉬운 가시자두는 잎이 나기 시작하기 전에 꽃이 피는 것으로 구별할 수 있는데, 산사나무는 잎이 난 후 꽃이 핀다. 이 나무로부터 야생 자두sloe로 알려진 어두운 색의 열매를 수확하여 슬로진sloe gin과 잼을 만든다. 일찍 꽃 피는 관목으로서 암수한꽃이며 벌들에게 귀중한 꽃가루와 꿀을 제공한다.

버들마편초

VERBENA

Verbena bonariensis

화단에 높이를 더하며 스스로 씨앗을 잘 뿌린다.

퍼플탑purpletop이라고도 불리는 이 식물은 사실 남아메리카 열대 지방이 원산지이다. '버베나'라는 영명은 '신성한 가지'를 뜻하는 라틴어에서 유래했는데, 이는 사제들이 약용으로 썼던 마편초 *Verbena officinalis* 잎의 무성한 가지를 가리킨다. 이 식물은 건조에 강하며 야생동물 친화적이어서 정원에서 인기 있다. 기독교에서는 십자가에서 내려온 예수의 상처를 치유하는 데 이 식물이 쓰였다고 믿는다. 버들마편초는 보호, 치유, 행복을 상징한다.

서양고추나물

ST JOHN'S WORT

Hypericum perforatum

왼쪽부터 차례로 왕질경이, 서양쐐기풀, 서양고추나물이다. 약용으로 사용하기 위해 건조시키고 있다.

이 식물은 우울증 치료를 위한 전통 약초로 사용되었고, 어떤 경우에는 일반적인 항우울제만큼이나 효과가 있는 것으로 밝혀졌다. 또한 갱년기 일부 증상을 완화시키는 데 효능을 보인다. 하지만 심장약과 피임약을 포함한 다른 많은 약물의 효과를 상쇄할 수 있다는 점을 간과하지 않는 것이 중요하다.

부들레야 다비디

BUTTERFLY BUSH

Buddleja davidii

'버터플라이 부시'라는 영명에 걸맞게 이 식물은 공작나비 같은 꽃가루 매개 곤충들을 유혹한다.

11종의 나비와 나방 애벌레가 이 식물의 잎과 꽃을 먹이로 삼고 있다고 알려져 있는 만큼, 여름 동안 수많은 나비들이 이 꽃 주변으로 떼지어 날아다니는 것을 볼 수 있다. 일본과 중국이 원산지인 이 식물은 1800년대 후반 영국에 도입되었는데, 1930년대엔 황무지를 점령하며 자라기 시작했다. 오늘날 철도 선로 주변을 비롯한 교란된 장소에서 발견되는 이 식물은 꿀 공급원으로서 야생동물들에게 매우 유용하다.

극락조화

Bird of Paradise

Strelitzia reginae

남아프리카공화국에서 11월에 꽃이 핀다.

이 놀라운 꽃은 남아프리카공화국의 특산 식물이지만 전 세계 따뜻한 지역에서 이국적인 관상용 식물로 재배되고 있다. 꽃은 마치 화려한 색을 지닌 새처럼 보이고 꽃가루받이가 이루어지는 메커니즘도 매우 인상적이다. 태양새가 극락조화의 파란색 꽃잎 위에 내려앉는데 밑부분은 꿀샘과 융합되어 있다. 새가 꿀을 먹기 위해 안쪽으로 다가갈 때 꽃잎 안에 감춰져 있던 꽃밥이 드러나면서 새 발에 꽃가루가 묻게 된다. 이 과정은 새가 다음 꽃을 방문할 때 반복되며, 그렇게 꽃가루받이가 일어난다.

좁은잎해란초

COMMON TOADFLAX

Linaria vulgaris

이 꽃은 대리석 무늬 흰나비를 포함한 꽃가루 매개 곤충들을 위한 좋은 먹이 공급원이다.

유럽과 아시아의 온대 지역에 분포하는 이 식물은 주로 개방된 초지대나 건조한 토양에서 자란다. 노란색의 꽃은 금어초와 비슷한데 꽃가루받이를 위해서는 꽃을 열 만큼 무게감 있는 곤충의 도움이 필요하다. 이에 따라 이 꽃은 호박벌과 꿀벌뿐 아니라 나방과 나비의 먹이 공급원이 되어준다. 영명에 '두꺼비toad'라는 단어가 포함되었는데, 이는 두꺼비 입을 닮았기 때문에 또는 이 식물의 줄기 사이에 두꺼비가 숨어 있을 것 같다고 하여 붙은 이름이다.

사프란

SAFFRON CROCUS

Crocus sativus

사프란이라고 불리는 기다랗고 붉은 암술머리는 꽃의 중심부에 돌출되어 있다.

이 연보라색 꽃의 중심에는 꽃가루를 받는 암술머리가 있는데, 이것은 사프란이라고 불리는 향신료와 염료로 쓰이기 위해 수확된다. 주로 이란에서 재배하지만 프랑스, 스페인, 이탈리아 일부 지역에서도 상업적 목적으로 재배한다. 각각의 꽃에 달린 세 개의 암술머리를 직접 손으로 채취 후 건조해 톡 쏘는 듯한 달콤한 향을 지닌 향신료로 만든다. 부야베스bouillabaisse나 파에야paella 같은 요리는 사프란이 들어가는 것으로 유명하다. 하지만 사프란은 세계에서 가장 비싼 향신료로, 1큰술의 사프란 향신료를 생산하는 데 50송이가량의 꽃이 필요하다.

아이비

COMMON IVY

Hedera helix

기원전 2세기 후반 그리스 코린트의 유적지에서 발견된 모자이크. 디오니소스의 머리가 과일과 아이비로 장식되어 있다.

유럽 대부분 지역이 원산지인 아이비는 전 세계 여러 곳에서 관상용 식물로 재배되며, 곤충을 비롯한 야생동물들에게 먹이와 서식지를 제공하는 역할도 한다. 고대 그리스 신화에서 아이비는 포도주, 쾌락, 과음의 신인 디오니소스와 관련이 있다. 아이비는 디오니소스의 고향인 니사의 전설 속 산에 자라는 식물이라고 믿어졌기 때문에, 디오니소스는 종종 아이비 왕관을 쓴 모습으로 묘사되었다. 중세 시대에는 술집 바깥에 아이비 열매를 매달아 놓아 안에서 포도주가 판매되고 있음을 알렸다.

11월 5일

칼루나 불가리스

HEATHER

Calluna vulgaris

영국 요크셔 지방의 황야 지대에 '히스'라고 불리는 칼루나 불가리스 꽃이 만개하여 카펫을 이루고 있다. 이 식물은 11월 초까지 계속해서 꽃을 피운다.

유럽과 아시아 온대 지역 일부가 원산지로, '헤더' 또는 '히스'라는 영명으로 불리며, 히스랜드와 황야 지대에서 주로 발견된다. 스코틀랜드에서는 보라색 히스보다 덜 흔한 흰색 히스를 행운의 상징으로 여기는데, 이 흰색 히스는 전투에서 흘린 피로 물들지 않은 땅이나 요정의 무덤에서만 발견된다고 여겨진다. 이 미신은 빅토리아 여왕이 스코틀랜드에 있는 영국 왕실 저택으로부터 흰색 히스의 잔가지들을 영국에 들여오면서 대중화되었다. 그리하여 이 잔가지들은 종종 행운을 기원하는 의미로 신부를 위한 부케에 사용된다.

서양민들레

DANDELION

Taraxacum officinale

《쾰러의 약용 식물》(1887)에 수록된 발터 뮐러의 식물 세밀화를 본뜬 다색 석판화 속 민들레.

전 세계 거의 모든 곳에서 발견되는 민들레는 꽃이 핀 다음 바람에 멀리까지 날아갈 수 있는 씨앗 뭉치를 만들어 매우 성공적으로 자손을 퍼뜨린다. 낙하산 같은 부속물이 달린 씨앗은 공기 중 습기에 반응한다. 이것은 성공적인 분산을 위해 날씨가 충분히 건조해질 때까지 씨앗이 식물체에 붙어 있게 한다. 민들레는 '요정의 시계fairy clocks'로 알려지기도 했는데, 씨앗을 모두 불어 날리는 입김의 횟수가 시간을 말해주거나, 그만큼의 소원이 이루어진다고 믿었기 때문이다.

부바르디아 테르니폴리아

FIRECRACKER BUSH

Bouvardia ternifolia

꿀이 풍부하여 벌과 나비뿐 아니라 벌새들이 좋아하기 때문에 '벌새 꽃'이라고도 불린다.

화사한 붉은 꽃으로 인기 있는 이 식물은 미국 남서부 주들의 일부 지역, 멕시코의 대부분 지역, 그리고 남쪽으로는 온두라스에 이르는 지역에서 발견된다. 이 꽃의 꿀을 먹는 벌새에 의해 꽃가루받이가 이루어진다. 꽃 모양이 '작은 트럼펫'을 닮아 '트롬페틸라 trompetilla'라는 스페인어 이름이 붙었다. 이 매력적인 꽃은 삶의 열정과 열의를 상징한다.

아니고잔토스 루푸스

Kangaroo Paw

Anigozanthos rufus

위쪽 이 붉은 꽃은 털로 뒤덮인 캥거루 발을 닮았다.

오른쪽 위 원산지는 호주 퍼스 인근에 위치한 제럴드턴이라는 도시다.

오른쪽 아래 영명은 이 꽃의 검은색 중심부를 뜻한다.

웨스턴오스트레일리아주 남부 해안 지역이 원산지인 이 식물은 벨벳 같은 질감의 캥거루 발을 닮은 관 모양의 꽃이 핀다. 이 꽃은 웨스턴오스트레일리아주의 상징이기도 하다. 전통 의학에서 상처를 치료하는 데 쓰였는데 오늘날엔 일부 피부관리 제품에 사용된다. 주름을 줄이는 데 도움이 되는 피부 재생 효능이 있다고 믿어지기 때문이다. 꽃 색깔뿐만 아니라 구조적으로도 아름답다. 기후가 따뜻한 지역의 정원에서 인기가 있으며 꽃꽂이로도 많이 사용된다.

11월 9일

카멜라우키움 웅시나툼

GERALDTON WAX FLOWER

Chamelaucium uncinatum

호주 남서부 지역 특산인 이 식물은 꽃이 3주까지 유지되어 상업적인 절화로 재배된다. 밀랍 같은 꽃잎 때문에 왁스 플라워 wax flower라고 불리며, 다른 대부분의 꽃보다 더 오래 핀다. 레몬향이 살짝 나는 꽃은 인내와 지속적인 사랑을 상징한다고 알려져 결혼식 화관이나 부케로 자주 사용된다.

11월 10일

아프리카나팔꽃

BLACK-EYED SUSAN VINE

Thunbergia alata

동아프리카가 원산지인 이 식물은 날씨가 더 추운 전 세계 여러 지역에서 한해살이 정원 식물로 인기 있다. 북아메리카와 호주의 더 온화한 지역에서는 빠르게 자라는 덩굴 식물로, 정원을 벗어나 침입성 식물이 되었다. 동아프리카에서 이 식물은 동물 먹이로 사용되거나 피부 질환, 관절 통증, 눈 염증을 치료하는 데 사용된다.

개양귀비

COMMON POPPY

Papaver rhoeas

플랑드르 들판에 양귀비꽃 일렁이네
줄줄이 서 있는 십자가들 사이에서
우리가 있는 곳을 알려주기 위해,
그리고 하늘에서는 종달새가 여전히
용감하게 노래하며, 날아오르건만
저 아래 총소리 사이에서는 거의 들리지 않네

우리는 죽은 자들. 얼마 전만 해도
우리는 살아서, 새벽을 느끼고,
빛나는 석양을 보았지
사랑을 했고, 사랑을 받기도 했건만,
지금 우리는 누워 있다네
이렇게 플랑드르 들판에

–존 매크레이의 〈플랑드르 들판에서〉(1915) 중에서

개양귀비는 전쟁터에서 목숨을 잃거나 나라를 위해 희생한 사람들을 기리는 꽃이다. 제1차 세계대전 이후 진창이 된 전쟁터는 죽음과 파괴의 장소였고, 그곳에서는 아무것도 자라지 않을 것처럼 보였다. 하지만 교란된 토양 환경에서 개양귀비가 번성했고, 붉은 꽃잎은 유혈 사태를 연상시키며 회복력과 희망을 나타내게 되었다. 캐나다 군의관인 존 매크레이 중령이 이것을 시로 남겨 다른 많은 사람이 개양귀비를 기억의 상징으로 여기도록 영감을 주었다.

프랑스 솜에 있는 제1차 세계대전 전쟁터에 핀 개양귀비의 물결. 11월에 꽃들은 지고 없지만, 영령 기념일(11월 11일)에는 많은 사람이 개양귀비 상징을 패용하는 것을 볼 수 있다.

콘볼불루스 사바티우스

BLUE ROCK BINDWEED

Convolvulus sabatius

깔때기 모양의 보라색 꽃들을 무리 지어 피운다.

콘볼불루스 마우리타니쿠스*Convolvulus mauritanicus*라고도 알려진 이 식물은 알제리와 모로코와 같은 아프리카 북서부 해안 지역과 이탈리아 남부가 원산지이다. 종명인 '사바티우스'는 이 식물이 발견되는 이탈리아 사보나 지역을 일컫는다. 종종 자생지가 아닌 정원에서 자라는 것을 볼 수 있는데, 여름을 위해 재배되는 한해살이 식물로 취급된다. 친척인 서양메꽃은 악명 높은 침입종이지만, 이 식물은 대부분의 환경에서 훨씬 덜 왕성하게 자란다.

왜광대수염

WHITE DEAD-NETTLE

Lamium album

개화기가 아주 길어 11월까지도 꽃이 핀다.

유럽과 아시아가 원산지인 이 식물은 '죽은 쐐기풀'이라는 뜻의 '데드 네틀'이라는 영명을 가지고 있다. 서양쐐기풀과 닮았지만 가시털이 없기 때문이다. 특유의 흰색 꽃도 서양쐐기풀과는 확연히 다르게 보인다. 벌에게 인기가 있으며 연중 대부분 꽃이 피어 야생곤충들이 아주 좋아한다. 꽃은 다양한 벌과 나방에게 먹이를 제공하고, 잎은 불나방 애벌레와 박하남생이잎벌레가 먹는다.

아카시아 피크난타

GOLDEN WATTLE

Acacia pycnantha

엘리자베스 2세 여왕의 대관식 드레스에 이 꽃이 수놓아져 있다 세실 비튼의 사진(1953).

호주 남부 지역이 원산지인 이 식물은 밝은 노란색의 향기로운 꽃 때문에 정원에서 재배한다. 이 식물은 종종 산불이 난 곳에서 가장 먼저 발아하기 때문에 회복과 부활의 상징으로 여겨진다. 호주의 나라꽃으로, 1953년 엘리자베스 2세 여왕이 대관식 때 착용한 흰색 새틴 드레스에 호주를 상징하는 꽃으로 사용되었는데, 노란색 양털로 꽃을, 초록색과 금색 실로 잎을 수놓았다.

살비아 파텐스

GENTIAN SAGE

Salvia patens

그림 속 왼쪽에서 두 번째에 위치한 살비아 파텐스. 제인 루던 부인의 《여성들을 위한 관상용 숙근초 플라워 가든》(1849)에 수록된 그림을 본뜬 다색 석판화.

멕시코 중부 일부 지역이 원산지인 이 식물은 원예의 세계에서 드문 파란색 꽃으로, 정원사들에게 사랑받고 있다. 1838년 영국 정원에 도입되었는데, 아일랜드의 정원들과 식물학자 윌리엄 로빈슨에 의해 대중화되었다. 그는 1933년 자신의 유명한 저서인 《잉글리시 플라워 가든》에서 "의심할 여지 없이 가장 멋진 색을 지닌 이 꽃을 능가할 만한 재배 식물은 거의 없다"라고 예찬했다.

11월 16일

개미취

TATARIAN ASTER

Aster tataricus

시베리아, 중국 북부, 몽골, 한국, 일본이 원산지인 이 식물은 항균 효능 때문에 적어도 2천 년 전부터 중국 전통 의학의 기본적인 약초 중 하나로 쓰여왔다. 하지만 최근 연구에서 이 식물 자체에는 그러한 효능이 없다는 것이 밝혀졌다. 암 연구자들이 탐구하고 있는 아스틴이라는 활성 성분은 사실 이 식물 안에 붙어 사는 키아노데르멜라 아스테리스*Cyanodermella asteris*라는 균류의 산물이다.

11월 17일

네메시아 카이룰레아

DARK SKY-BLUE ALOHA

Nemesia caerulea

남아프리카공화국 남서부 지역의 노출된 경사면에서 자라는 이 식물은 파란색, 분홍색, 흰색으로 섬세한 향기를 지닌 작은 꽃을 피운다. 바람이 많은 환경에 적응하여 작은 크기로 자라기 때문에 화단용과 화분용으로 정원사들에게 인기가 있다. 우정을 상징하는 이 꽃은 야생 네메시아 종들로부터 많은 품종들이 육종되어 다양한 색깔로 즐길 수 있다.

오른쪽 모시스 해리스의 《곤충 채집가, 영국 나방과 나비의 자연사》(1840)에 수록된 야코바이아 불가리스.

왼쪽 위 개미취는 왕성하게 자라며 늦여름부터 보통 11월 서리가 내릴 때까지 꽃을 피운다. 사진은 '진다이Jindai'라는 품종이다.

왼쪽 아래 보랏빛 푸른 꽃이 피는 네메시아 카이룰레아로부터 다양한 색깔의 품종들이 육종되어 정원사들에게 인기가 높다.

야코바이아 불가리스

Ragwort

Jacobaea vulgaris

이 야생화는 말과 같은 방목동물에게 문제를 일으킨다고 알려져 있다. 섭취 시 간 기능 장애를 유발하고 사망에 이를 수 있는 독성 알칼로이드를 함유하고 있기 때문이다. 유라시아 지역이 원산지이지만 오늘날엔 더 널리 분포되어 있다. 하지만 정원이 방목지로부터 50미터 이상 떨어져 있기만 하다면 이 식물은 가축들에게 해를 끼치지 않고 야생곤충들에게 먹이를 제공할 수 있다. 특히 다양한 나비와 나방을 비롯한 많은 곤충들에게 중요한 꿀 공급원이다. 잎을 으깼을 때 나는 불쾌한 냄새 때문에 '암말의 방귀mare's fart'라는 이름으로도 알려져 있다.

위타니아 솜니페라

ASHWAGANDHA

Withania somnifera

녹색의 작은 꽃이 진 다음 매력적인 주황색 열매를 맺는데, 각각은 꽃받침으로 감싸져 있다.

가짓과에 속하며 '인디안 인삼'이라고도 알려진 이 식물은 인도, 아프리카 일부 지역, 그리고 중동이 원산지이다. 녹색 종 모양의 작은 꽃이 진 다음에는 짙은 오렌지색 열매가 달린다. 종명인 '솜니페라'는 라틴어로 '수면 유도'를 뜻한다. 아유르베다 의술Ayurvedic medicine(여러 약초와 식이 요법, 호흡법을 조합한 힌두교의 전통 의술 – 옮긴이)에서 사용되었을 뿐만 아니라, 스트레스와 불안감을 낮춰준다 하여 다양한 문화권의 전통 의학에서 약재로 쓰여 왔다.

아키스 아우튬날리스

AUTUMN SNOWFLAKE

Acis autumnalis

초가을 개화가 시작되며, 보통 11월까지 꽃이 핀다.

이 앙증맞은 알뿌리는 알제리, 모로코, 포르투갈, 스페인 등 지중해 서부 주변 지역이 원산지이다. 잎이 진 다음 종 모양의 꽃이 피어 눈에 잘 띈다. 섬세한 모습에도 불구하고 한 해의 후반부에 추운 기온을 견딜 만큼 내한성이 강하다. 꽃이 지고 나면 봄에 다시 새로운 잎이 돋아난다.

트위디아 코이룰레아

BLUE TWEEDIA

Tweedia coerulea

이 열대 덩굴 식물은 강렬한 파란색 꽃으로 인기가 있다.

옥시페탈룸 코이룰레움*Oxypetalum coeruleum*이라고도 알려진 이 식물은 원래 브라질 남부에서 우루과이까지 분포하는데, 주로 바위가 많은 지역에서 발견된다. 속명인 '트위디아'는 19세기 에든버러 왕립 식물원의 수석 정원사였던 제임스 트위디의 이름을 딴 것이다. 그는 남아메리카로 탐험을 떠나 많은 식물이 더 넓은 세계의 관심을 받는 데 일조했다.

사진 속 '메가 레볼루션Mega Revolution' 시리즈처럼 거베라는 오늘날 여러 색깔이 혼합된 품종으로 생산된다.

거베라

GERBERA DAISY

Gerbera jamesonii

고대 이집트인들은 낮 동안 태양의 움직임을 따르는 거베라가 자연에 대한 친밀감과 태양에 대한 헌신을 상징한다고 믿었다. 아프리카 남동부 지역이 원산지인 이 식물은 강한 줄기에 한 송이씩 피는 커다란 꽃의 화사한 색깔 때문에 꽃꽂이용으로 매우 적합하다. 거베라는 장미, 카네이션, 국화, 튤립 다음으로 전 세계에서 다섯 번째로 인기 있는 절화용 꽃이다.

멕시코 해바라기

MEXICAN SUNFLOWER

Tithonia diversifolia

무성하게 자라 '나무 메리골드tree marigold' 라고도 알려진 이 식물은 데이지를 닮은 커다란 꽃을 피운다.

멕시코와 중앙아메리카가 원산지인 이 식물은 관상용으로 전 세계에 퍼졌다. 이 식물은 정원에 단순히 색깔을 제공하는 것을 넘어 화학비료를 대체할 수 있는 더 저렴하고 환경친화적인 방법의 하나로 시험 재배되어왔다. 케냐 서부에서 진행된 시험 재배를 통해, 이 식물을 옥수수와 함께 식재하면 녹비를 제공하여 토양을 더 비옥하게 하고 생산성을 높일 수 있다는 것이 밝혀졌다.

국화

CHRYSANTHEMUM

Chrysanthemum spp.

일본 도쿄에서 여성들이 국화 전시를 준비하고 있는 모습. 허버트 폰팅의 사진 (1907년경).

동아시아와 유럽 북동부 지역이 원산지인 이 식물의 속명 '크리산테뭄'은 고대 그리스어로 '황금 꽃'을 뜻한다. 중국에서 국화를 재배하고 육종한 전통은 1600년을 거슬러 올라가는데, 한국, 일본과 마찬가지로 매년 국화 축제가 열린다. 건강히 오래 살 수 있게 해준다는 믿음 때문에 전통적으로 차와 술로 만들어졌다. 국화는 또한 행복, 사랑, 장수를 상징한다.

살갈퀴

COMMON VETCH

Vicia sativa

온화한 날씨에는 11월에도 꽃을 피워 연푸른부전나비 같은 꽃가루 매개 곤충에게 꿀을 제공한다.

스위트피를 닮은 꽃이 피는 이 식물은 가축을 위한 사료 식물로 재배되지만 인간도 식용했다는 고고학적 증거가 있다. 지중해 동부 신석기 시대 초기 유적지에서 이 식물의 잔해가 발견되었다. 살갈퀴는 꽃가루 매개 곤충들을 유혹할 뿐만 아니라 자신을 방어하는 메커니즘도 개발했다. 꽃뿐만 아니라 줄기를 따라 턱잎에서 꿀을 생산하여 개미를 끌어들이는데, 개미는 다른 해충과 더 큰 포식자를 쫓아낸다.

큰보리장나무

OLEASTER

Elaeagnus × submacrophylla

가을에 형성되기 시작하는 향기 나는 작은 꽃은 이달에 줄기를 따라 개화한다.

이 식물은 다용도 관목이나 산울타리를 위한 매력적인 잎 때문에 재배된다. 가을부터 늦겨울까지 향기로운 흰색 꽃을 피우기도 한다. 큰보리장나무는 둘 다 아시아 원산인 보리밥나무*Elaeagnus macrophylla*와 통영볼레나무*Elaeagnus pungens* 사이의 교배종이다. 실버베리silverberry라고도 알려져 있는데, 꽃이 진 다음 맺히는 은빛 나는 주황색 열매는 먹을 수 있지만 완전히 익기 전에는 톡 쏘는 맛이 난다.

맥문동

BIG BLUE LILYTURF

Liriope muscari

맥문동의 곧추선 꽃줄기에 달리는 매력적인 보랏빛 꽃은 늦여름까지 지속된 후 11월경 까만 열매를 맺는다.

인기 정원 식물인 맥문동은 늦여름부터 가을까지 수상 꽃차례에 무스카리를 닮은 꽃들을 피운다. 중국, 대만, 일본이 원산지로, 꽃이 진 후 검은색 열매가 달린다. '릴리터프'라는 영명은 잔디 같은 상록성 잎을 나타내는데, 잎 역시 정원 식물로서 맥문동의 가치에 기여한다. 속명인 '리리오페'는 오비디우스의 《변신 이야기》에서 나르키소스의 어머니인 강의 요정 리리오페의 이름에서 비롯되었다.

콜레티아 파라독사

ANCHOR PLANT

Colletia paradoxa

11월에 이 식물은 변형된 줄기를 따라 향기를 지닌 아주 작은 흰색 꽃을 피운다.

남아메리카 온대 지역이 원산지인 이 식물은 비바람으로부터 보호된 야외에서도 잘 자라기 때문에 북반구에서는 겨울 정원 식물로 재배된다. 칼루나 블가리스를 닮은 종 모양의 흰색 꽃이 피며, 잎을 대신하여 납작한 줄기들이 형성된다. 이 줄기들은 삼각형 모양으로 거의 가시처럼 생겨 '닻 식물'이라는 뜻의 영명이 붙었다. 향기가 나는 꽃들은 빽빽하게 모여 달린다.

꽃댕강나무

GLOSSY ABELIA

Linnaea × grandiflora

꽃댕강나무의 향기로운 연분홍색 꽃은 한여름부터 피기 시작하여 온화한 날씨에서는 11월까지도 이어진다.

아벨리아 그란디플로라*Abelia × grandiflora*라는 학명으로도 알려진 이 식물은 인동속*Lonicera*의 두 종인 인동덩굴*Lonicera chinensis*과 로니세라 유니플로라*Lonicera uniflora* 사이의 교배종이다. 1866년 이탈리아 로벨리 양묘장에서 처음 육종되었다. 종명인 '그란디플로라'는 라틴어로 '풍성한 꽃'을 뜻하는데, 여러 줄기로 자라는 이 관목이 한 해의 하반기에 많은 꽃들을 피워내는 것을 나타낸다. 향기 나는 꽃들은 아치를 이루는 줄기에 무리 지어 달린다.

산부추 '오자와'

JAPANESE ONION

Allium thunbergii 'Ozawa'

다른 많은 꽃들이 지고 없을 때에도 산부추는 여전히 보라색 꽃송이들을 만들어낸다.

산부추는 한국, 일본, 그리고 중국의 해안가 숲 가장자리가 원산지이다. 보통 다른 대부분의 식물들의 개화가 끝난 9월과 11월 사이에 꽃이 피어 정원에서 유용하게 쓰인다. 꽃들은 구형으로 무리 지어 달리며, 잔디 같은 잎을 으깨면 부추속 특유의 양파 냄새가 난다. 정원에서 이 꽃을 본다면 아마도 상업적으로 널리 유통되는 '오자와' 품종일 가능성이 높다.

춘추벚나무 '아우툼날리스 로세아'

WINTER-FLOWERING CHERRY

Prunus subhirtella 'Autumnalis Rosea'

홑꽃보다는 많고 겹꽃보다는 적은 수의 꽃잎을 가진 반겹꽃으로 개화한다.

춘추벚나무는 일본이 원산지로, '아우툼날리스 로세아' 품종은 11월부터 반겹꽃으로 개화하고, 봄에는 더 많은 꽃을 피운다. 꽃이 진 다음에는 매력적인 가을 단풍을 선사할 뿐 아니라 새들이 좋아하는 열매를 맺는다. 이 품종은 야생 종보다 더 작은데, 어린나무 때부터 꽃이 핀다.

수염가래꽃

GARDEN LOBELIA

Lobelia erinus

걸이 화분용으로도 인기이며, 첫 된서리가 내리기 전까지 꽃을 피운다.

초롱꽃과에 속하며 파란색, 분홍색, 보라색, 또는 하얀색 꽃이 피는 이 식물은 아프리카 남부 지역이 원산지이다. 산비탈 저지대와 해안 평지에 자라며 수많은 꽃을 피운다. 온대 국가에서는 반내한성 일년초로 인기인데, 걸이 화분에 식재하여 늘어뜨리거나 화단 가장자리용 식물로 쓰인다.

월계분꽃나무

LAURUSTINUS

Viburnum tinus

이달부터 봄까지 개화하며 꽃이 진 후 매력적인 금속성 광택의 파란색 열매를 맺는다.

이 상록 관목은 유럽의 지중해 지역과 아프리카 북부가 원산지이다. 분홍색 꽃봉오리로부터 향기로운 흰색 꽃이 무리지어 피어난다. 꽃이 진 후에는 광택이 나는 짙은 파란색 열매가 달리는데, 이를 새들이 좋아한다. 거의 금속성으로 보이는 광택은 사실 새들을 유혹하기 위해 만들어진 열매의 지방 조직 때문이다. 새들은 배설물을 통해 이 씨앗들을 퍼뜨려준다.

버지니아풍년화

WITCH HAZEL

Hamamelis virginiana

북아메리카 동부가 원산지인 이 화관목은 처음에 꽃의 모양 때문에 의학적으로 효능이 있다고 여겨졌다. 아메리카 원주민들은 피부 상처나 염증을 치료하는 데 오래전부터 이 식물을 사용해왔는데, 유럽 정착민들이 이 관행을 받아들였다. 유럽의 의사들은 곱슬곱슬한 모양의 이 꽃이 그리스 신화에서 의학의 신인 아스클레피오스의 지팡이를 감고 있는 뱀을 상징한다고 믿었다. 이 식물은 오늘날에도 여전히 널리 쓰이고 있다.

기원전 5세기 그리스 원형을 본떠 기원후 2세기에 대리석으로 만들어진 로마의 아스클레피오스 조각상. 지팡이를 휘감고 있는 뱀의 모양은 버지니아풍년화의 곱슬곱슬한 꽃잎을 닮았다.

헬레보루스 오리엔탈리스

HELLEBORE

Helleborus orientalis

이 꽃의 중심부에는 주근깨 같은 무늬가 있다.

헬레보루스는 꽃 피는 시기 때문에 '크리스마스 장미'로 알려져 있다. 장미 종류와 관련은 없지만 얼핏 보면 꽃 모양이 서로 닮았다. 그리스, 튀르키예를 비롯한 주변 지역이 원산지인 이 식물은 정원에서 자연 교잡이 쉽게 일어나며 스스로 씨앗을 잘 뿌린다. 그 결과 다양한 색깔의 꽃들을 더 풍성하게 피운다. 대개 자연스럽게 늘어지면서 피는 이 꽃을 전시하는 데 선호되는 방법은 꽃을 따서 물이 담긴 얕은 접시에 띄워놓는 것이다. 이렇게 하면 며칠 동안 지속되는 매력적인 꽃 연출을 감상할 수 있다.

월터 크레인의 〈프림로즈 님프〉(1889)에 노란색 꽃으로 그려진 프리물라 불가리스.

프리물라 불가리스

COMMON PRIMROSE

Primula vulgaris

아프리카 북서부, 유럽 서부와 남부, 아시아 남서부 일부 지역이 원산지인 이 식물은 숲과 초지대, 산울타리 하부에서 잘 자란다. 때때로 꽃잎들이 땅 위 여기저기에 흩어져 피어 있는 모습을 볼 수 있는데, 방울새가 이 꽃의 꿀과 씨방을 먹기 위해 꽃을 떼어내기 때문이다. 아일랜드 민간전승에 따르면, 문간에 이 꽃을 두면 요정들로부터 집을 보호할 수 있다고 한다.

사르코코카 후케리아나 디기나

SWEET BOX

Sarcococca hookeriana* var. *digyna

'스위트 박스'라고도 불리며 낮게 자라는 이 상록 관목은 겨울에 향기가 아주 강한 흰색 꽃을 피운 뒤 검은색 열매를 맺는다. 중국, 아프가니스탄, 네팔, 부탄이 원산지이다. 이 변종은 줄기와 잎이 더 가늘기 때문에 원종인 사르코코카 후케리아나*Sarcococca hookeriana*보다 더 흔하게 재배된다. 속명인 '사르코코카'는 '과육이 많은 열매'를 뜻하는 그리스어에서 유래되었다.

이 식물은 산울타리용으로 많이 쓰이며 이달에 향기로운 꽃을 피운다.
사진은 케임브리지셔에 있는 앵글시 사원의 산책로이다.

데이지

DAISY

Bellis perennis

데이지 꽃의 각 기관을 묘사한 19세기 식물 세밀화를 디지털 기술로 개선한 그림.

데이지라는 이름은 '낮의 눈day's eye'이라는 말에서 유래되었다. 꽃이 매일 아침에 열리고 밤에 닫히기 때문이다. 각각의 데이지 꽃은 30~60개의 꽃잎으로 이루어져, 프랑스에서 기원한 데이지 꽃잎 따기 놀이를 하기에 적합하다. 꽃잎을 하나씩 떼면서 "그/그녀가 나를 사랑한다, 그/그녀가 나를 사랑하지 않는다"라는 문구를 번갈아 말하는 놀이인데, 마지막 꽃잎이 진실을 말해준다고 여기는 것이다. 영어 버전에서는 '사랑한다'와 '사랑하지 않는다'만을 반복하는 한편, 프랑스 버전에서는 '조금', '많이', '미치도록', 또는 '전혀'와 같이 그 사람이 얼마나 사랑받고 있는지까지 덧붙인다.

꽃생강

WHITE GINGER LILY

Hedychium coronarium

연중 이맘때면 아시아의 열대 숲에서 꽃을 피우는 꽃생강을 볼 수 있다.

인도, 방글라데시, 네팔, 부탄, 중국이 원산지인 꽃생강은 주로 숲 하부에서 발견된다. 관상적인 가치뿐 아니라 향수를 생산하기 위해 전 세계에서 재배되는데, 재스민 같은 향이 난다고 알려져 있다. 쿠바의 나라꽃으로, 스페인 식민지 시대 여성들이 복잡한 모양의 이 꽃 속에 독립 운동을 돕는 비밀 메시지를 숨겨 전달하기 위해 이 꽃을 달고 다녔다.

칼세올라리아 우니플로라

DARWIN'S SLIPPER

Calceolaria uniflora

별나게 생긴 이 꽃은 안데스산맥과 파타고니아의 바위 투성이 경사지에서 이달에 꽃을 피운다.

이 독특한 식물은 꽃이 작은 슬리퍼를 닮았다고 하여 '칼세올라리아'라는 속명이 붙었다. 특히 이 특별한 종은 찰스 다윈이 남아메리카를 탐험하면서 발견한 것으로 유명하다. 하지만 실제로 이 식물을 처음 수집한 사람은 1767년 프랑스 식물학자 필리베르 코메르송이었다. 안데스산맥과 파타고니아의 바위가 많은 산봉우리를 따라 분포하는 이 식물은 씨도요과의 새들에 의해 꽃가루받이가 이루어진다. 당도가 높은 꽃의 흰 부분을 새가 쪼아 먹을 때 꽃가루가 머리에 묻어 다른 꽃들로 옮겨지게 된다.

에우코미스 코모사

PINEAPPLE LILY

Eucomis comosa

이 식물은 원산지인 남아프리카공화국에서 여름 내내 개화한다.

남아프리카공화국이 원산지인 이 식물은 원통형 수상 꽃차례에 꽃들이 빽빽하게 무리 지어 피어난다. 윗부분에 잎처럼 보이는 초록색 포엽이 있어 파인애플을 닮았다. '에우코미스'라는 속명은 그리스어로 '좋다'는 뜻의 'eu'와 '머리'를 뜻하는 'kome'가 합쳐진 말로, 이 식물의 꼭대기에 있는 잎 다발과 관련이 있다. 달콤한 향기가 나는 꽃은 말벌이나 벌에 의해 꽃가루받이가 이루어지고 나면 닫히고 짙은 갈색으로 변한 뒤 씨앗을 맺는다.

오르니토갈룸 칸디칸스

SUMMER HYACINTH

Ornithogalum candicans

과거 갈토니아 칸디칸스 *Galtonia candicans*로 알려졌다. 이 식물은 남아프리카공화국에서 여름 동안 종 모양의 꽃을 피운다.

높이가 1.5미터까지 자라는 꽃대에 종 모양의 향기로운 꽃들을 피운다. 종명인 '칸디칸스'는 '순백색이 된다'는 뜻으로 꽃을 지칭하는 말이다. 위풍당당한 이 식물은 남아프리카공화국이 원산지이며, 처음엔 히아신스의 일종으로 간주되었다가 나중에 다시 명명되었다. 알뿌리로부터 자라는 꽃은 벌과 나비가 좋아하고 설강화를 닮아 정원 식물로도 인기가 있다.

글로리오사 수페르바

GLORY LILY

Gloriosa superba

남아프리카공화국에서 12월 동안 개화한다. 우아하고 아름답지만 독성이 있다.

'불꽃 백합flame lily'이라고도 알려진 이 식물은 아프리카 남동부와 남아시아 지역이 원산지이며 짐바브웨의 나라꽃이다. 1947년 당시 남로디지아로 알려졌던 이 나라를 방문한 엘리자베스 공주(고 엘리자베스 2세 여왕)에게 이 꽃 모양의 다이아몬드 브로치가 선물로 전해졌다. 이 꽃은 아름다워서 플로리스트들에게 인기가 있지만 독성이 강해 사람과 동물이 섭취할 경우 치명적일 수 있다.

디모르포테카 주쿤다

AFRICAN DAISY

Dimorphotheca jucunda

남아프리카공화국의 산악 지대에 분포한다. 남반구의 봄과 여름에 걸쳐 개화한다.

남아프리카공화국 산악 지대에 자라며 예쁜 꽃을 피운다. 산불과 추위에 살아남을 수 있도록 땅속 줄기로부터 자란다. 종명인 '주쿤다'는 '즐거운', '기분 좋은', '사랑스러운'을 뜻하는 라틴어에서 유래했다. 연한 자홍색 꽃잎을 가진 커다란 꽃은 나비들에게 인기 있다. 이 식물은 오늘날 우리가 정원과 꽃꽂이를 통해 만나는 수많은 디모르포테카 품종들의 원종이다.

펠리시아 아멜로이데스

BLUE MARGUERITE DAISY

Felicia amelloides

이달 남아프리카공화국에서는 잎 위로 높이 자란 꽃대 위에 파란색으로 풍성하게 피는 이 꽃들을 만날 수 있다.

남아프리카공화국 남부 해안을 따라 분포하는 이 식물은 모래 언덕과 노출된 산비탈, 현무암 절벽에서 자란다. 건조하고 바람이 많이 부는 환경에서도 잘 자라기 때문에 모래 언덕의 토양 안정화를 위해 식재되어왔다. 정원에서도 많이 재배하는데, 밝은 청색 꽃으로 인기가 있다. 개화 후에는 솜털이 많은 둥근 씨앗 뭉치가 달린다. 각각의 씨앗은 모체로부터 멀리 날아가는 데 도움이 되는 아주 작은 낙하산 같은 부속물을 가지고 있다.

애기동백나무 '크림슨 킹'

CAMELLIA 'CRIMSON KING'

Camellia sasanqua 'Crimson King'

12월에 커다랗고 화려한 꽃을 피워 정원에서 매우 가치가 높다.

온대 지방의 야외에서 이 식물을 재배하려면 비바람을 막아줄 수 있는 장소가 필요하다. 적절히 보호해준다면 겨울, 심지어 12월에도 찬란한 색깔의 꽃을 보여준다. 종명인 '사산쿠아'는 이 식물의 일본어 이름인 '사잔카'에서 유래했으며, '크림슨 킹'은 인기 있는 교배종이다. 중국에서는 래커 칠을 하는 사람들이 이 종으로부터 생산되는 씨앗 기름을 피부에 묻은 니스를 제거하는 데 사용한다.

팔레놉시스 아마빌리스

MOTH ORCHID

Phalaenopsis amabilis

꽃을 자세히 들여다 보면 꽃가루 매개 곤충을 유혹하는 섬세한 무늬가 있다.

호접란으로 유통되는 팔레놉시스 종류는 난초 중 가장 꽃을 피우기 쉬워 인기가 많고, 초보 난초 애호가들에게도 많이 추천된다. 이 종은 오늘날 이용 가능한 수많은 호접란 품종들을 육종하는 데 사용된 원종 가운데 하나이다. 첫 번째 교배종은 1875년 영국 데번주의 베이치앤드선즈 양묘장에서 개발되었다. 동인도와 호주가 원산지이며 다른 난초와 마찬가지로 여러 해 동안 살 수 있다. 야생에서 이 난초들은 나무 또는 다른 식물 위에 붙어서 자라며 공기 중이나 주변의 다른 식물 부산물로부터 수분과 양분을 얻는다.

칼리안드라 헤마토케팔라

PINK POWDERPUFF

Calliandra haematocephala

각각의 꽃은 눈에 띄는 수많은 선명한 분홍색 수술들로 이루어져 있다.

볼리비아가 원산지인 이 작은 관상용 나무는 생육하기에 최적의 기후를 갖춘 플로리다 같은 지역에서 큰 사랑을 받고 있다. 약효가 좋아 전통 약재로 사용되었는데, 연구에 의하면 암 치료에 도움에 되는 화학물질이 함유되어 있다. 보송보송한 털이 달리고 커다랗고 향기로운 꽃 때문에 인기가 많다. 하지만 꽃이 이렇게 눈길을 사로잡는 모습으로 보이는 것은 꽃잎이 아니라 수술들 때문이다.

니포피아 우바리아

RED HOT POKERS

Kniphofia uvaria

원산지인 남아프리카 공화국에서 12월에 걸쳐 개화한다.

남아프리카공화국 케이프주가 원산지인 이 식물은 다채롭고 이국적인 꽃들로 인해 전 세계 정원에서 재배되고 있다. 하지만 일부 지역에서는 이 식물이 정원을 벗어나 침입종이 되어 잡초로 취급받기도 한다. 호주 남동부 일부에서는 이 식물이 대규모 군락을 이루며 자라 생태계에 피해를 입히고 있다. 백합 잎처럼 좁은 잎을 가진 이 식물은 1.5미터까지 자라는 꽃대와 함께 인상적인 광경을 연출할 수 있다.

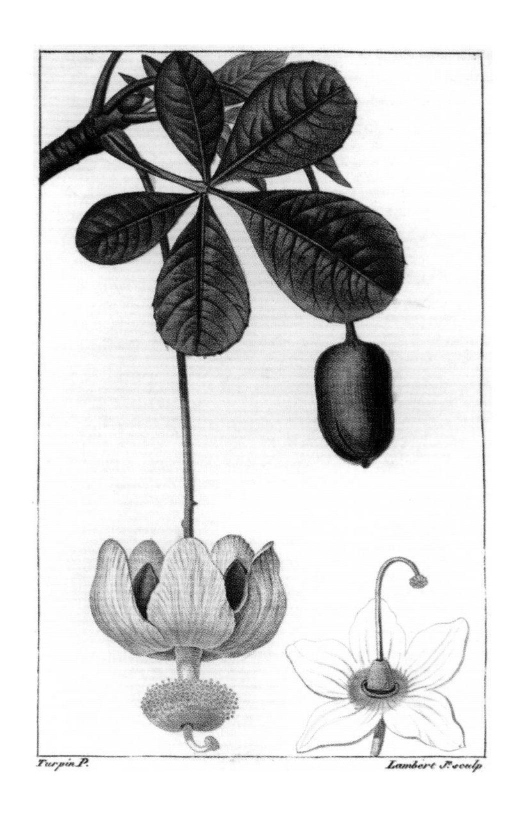

바오밥나무

BAOBAB

Adansonia digitata

피에르 장 프랑수아 튀르팽의 《약초 식물학》(1830)에 수록된 바오밥나무 그림을 본뜬 채색 동판화.

아프리카 사하라 사막 이남의 사바나 지역에 걸쳐 분포하는 바오밥나무는 2천 년 이상 살 수 있는 것으로 알려져 있다. 하지만 꽃은 단 하루만 지속된다. 늘어지며 피는 흰색 꽃은 상큼한 향기를 풍기는데, 밤에 개화하여 곤충들에 의해 꽃가루받이가 이루어진다. 25미터 높이까지 자랄 수 있으며, 죽은 조상들의 영혼이 거주하는 상징적인 장소로 숭배된다. 꽃이 진 후 벨벳 같은 질감의 열매가 달리는데, 비타민 C가 풍부하여 청량 음료로 만들어 먹을 수 있다.

유럽호랑가시나무

HOLLY

Ilex aquifolium

봄과 초여름에 걸쳐 꽃이 피고 난 후 이달에 눈에 띄는 붉은색 열매를 맺는다.

유럽 서부와 남부, 아프리카 북서부, 서아시아 원산의 이 식물은 영국에 몇 안 되는 자생 상록수 중 하나이다. 수그루와 암그루 모두에서 흰색 꽃이 피고 난 후 암그루에서는 눈에 띄는 선홍색 열매가 달린다. 수꽃의 중심부에는 어두운 색의 작은 돔 모양이 있는데 십자드라이버를 닮은 홈이 파여 있다. 크리스마스와 관련을 맺기 전부터 드루이드, 켈트족, 로마인들은 모두 이 식물을 높이 평가했다. 겨우내 푸른 잎을 달고 있는 능력이 마법과 같고 봄의 귀환을 보장해준다고 믿었기 때문이다.

정향나무

CLOVE

Syzygium aromaticum

꽃이 피기 전 연중 이맘때 꽃봉오리를 수확하여 요리용 향신료로 만든다.

인도네시아 동부 말루쿠 제도가 원산지인 이 식물의 꽃봉오리를 말린 정향은 요리용 향신료로 유명하다. 정향유에는 소독제와 마취제 효능이 있는 유제놀이라는 성분이 들어 있어 전통 약재로 사용되어왔다. 말루쿠 제도에서는 정향을 박아넣은 오렌지를 벌레 기피제로 사용하는데, 역사적으로 세계의 다른 곳에서는 이것을 불쾌한 냄새를 감추는 포맨더pomander로 사용해왔다. 더 최근에는 크리스마스 시즌에 축제 분위기를 내기 위해 이것을 사용한다. 정향나무는 동아프리카에서 연중 이맘때 꽃을 피운다.

클레마티스 키로사 '징글 벨스'

CLEMATIS 'JINGLE BELLS'

Clematis cirrhosa 'Jingle Bells'

이 식물은 겨울 정원을 밝히며 이달에 수많은 꽃을 피운다.

온대 지방의 추운 날씨에 잘 적응하는 이 품종은 겨울에 개화하는 클레마티스 종류 중 가장 내한성이 강하다. '징글 벨스'라는 이름에 걸맞게 12월에 꽃을 볼 수 있을 뿐만 아니라 3월까지도 개화가 지속된다. 대롱대롱 매달린 크림 같은 흰색 꽃들을 많이 피우며 왕성하게 자라 정원용 덩굴 식물로 사랑받는다. 양지바른 곳에서 재배하면 꽃에서 레몬 향이 난다.

게발선인장

CHRISTMAS CACTUS

Schlumbergera truncata

꽃이 피는 시기 때문에 '크리스마스선인장' 이라고도 불리는 이 식물은 4월에 피는 부활절선인장과 매우 비슷하다.

이 식물은 북반구에서 11월 말에서 1월 말까지 개화하며 축제 기간에 멋진 꽃 전시를 제공한다. 사막에 사는 선인장과 달리 이 다육식물은 반그늘을 좋아해서, 바깥 날씨가 충분히 따뜻하지 않은 지역에서는 실내 식물로 쉽게 기를 수 있다. 원산지인 브라질 남동부 해안의 산악 지대와 같이 따뜻하고 습도가 높은 환경에서 잘 자란다.

갈란투스 플리카투스 '쓰리 쉽스'

SNOWDROP 'THREE SHIPS'

Galanthus plicatus 'Three Ships'

다른 종류보다 일찍 개화하는 이 갈란투스 품종은 크리스마스에 꽃을 볼 수도 있다.

설강화라고 불리는 갈란투스 종류는 16세기 후반에 영국에 도입되어 재배되면서 자연스럽게 귀화 식물이 되었다. 1984년 양묘업자 존 몰리가 서퍽주에 위치한 헨햄공원의 오래된 코르크참나무 밑에 자라고 있는 이 품종을 처음 발견했다. 이 종류는 다른 종에 비해 이례적으로 일찍 개화하여 주목받았는데, 보통 크리스마스에 꽃을 피운다. 몰리는 17세기부터 전해져온 유명한 크리스마스 캐롤의 한 대목(I saw Three Ships)에서 영감을 떠올려 이 품종의 이름을 지었다.

성탄절에, 성탄절에
난 배 세 척을 보았네
성탄절 아침에
난 배 세 척을 보았네

포인세티아

POINSETTIA

Euphorbia pulcherrima

북반구에서는 온실 안에서 재배하기 때문에 추운 날씨에도 불구하고 크리스마스 무렵 즐길 수 있다.

멕시코와 중앙아메리카가 원산지이며, 붉은색과 초록색 잎으로 유명하다. 연말 축제 시즌에 흔히 볼 수 있는 식물이다. 크리스마스와 관련 맺게 된 것은 16세기 멕시코에서 비롯되었다. 전설에 따르면, 한 소녀가 너무 가난해서 예수 그리스도의 탄생을 축하하는 선물을 살 수 없었다. 천사가 소녀에게 나타나 길가의 잡초를 교회 제단에 바치라고 했는데, 그때 이 잡초가 붉게 물들어 포인세티아가 되었다고 한다.

아마릴리스 '카르멘'

AMARYLLIS 'CARMEN'

Hippeastrum 'Carmen'

날씨가 추운 지역의 실내에서 재배되어 크리스마스에 꽃을 피운다. 커다란 꽃은 몇 주 동안 지속된다.

오늘날 크리스마스 무렵 인기인 이 식물은 아마릴리스의 교배종으로, 영국 시계 제조업자인 아서 존슨이 1799년 실내 식물로 처음 육종했다. 그의 온실은 화재로 소실되었지만 다행히도 그는 자신의 식물들을 리버풀 식물원과 공유했었고, 19세기 중반 무렵에 이 아마릴리스는 미국에서도 재배되었다. 아르헨티나 일부 지역, 멕시코, 카리브해가 원산지인 이 식물의 속명인 '히페아스트럼'은 '기사의 별'을 뜻하는 고대 그리스어에서 유래했고, 보통명인 '아마릴리스'는 '반짝인다'는 뜻의 그리스어에서 유래했다.

카힐리 꽃생강

KAHILI GINGER

Hedychium gardnerianum

이 식물은 히말라야 산맥에서 12월까지 매우 달콤한 향을 내뿜는 꽃을 피운다.

생강과에 속하며 히말라야산맥이 원산지이다. 키 큰 줄기에서 밝은 녹색 잎들이 자라며, 매우 향기로운 노란색과 붉은색 꽃이 피는데, 생강 냄새가 살짝 가미된 달콤한 향이 난다. 열대성 기후를 선호하지만 가끔 서리에도 살아남는 것으로 알려져 있기 때문에 전 세계 일부 온대 정원에서도 재배할 수 있다. 최근 연구에 따르면, 이 식물은 식물성 화합물인 빌로신을 함유해 소세포 폐암 치료에 사용될 수도 있다고 한다.

페타시테스 프라그란스

WINTER HELIOTROPE

Petasites fragrans

바닐라 향이 나는 매우 짧은 꽃잎을 가진 꽃들을 12월에 피운다.

북아프리카가 원산지이지만 오늘날 영국을 포함한 북반구 온대 지방의 도롯가, 거친 땅, 개울가에서 흔히 볼 수 있다. 하트 모양의 잎들 사이사이로 피어나는 꽃은 바닐라 향이 강하게 나며 겨울철 벌들에게 귀중한 먹이를 공급한다.

서향

WINTER DAPHNE

Daphne odora

이 상록 관목은 줄기 끝에 꽃을 피워 어두운 겨울철 쉽게 눈에 띈다. 사진 속 서향 종류는 '마리아니Marianni'라는 품종이다.

종명인 '오도라'는 이 식물의 강한 향기에서 비롯되었다. 중국이 원산지인 이 식물은 북반구의 온대 정원에서 겨울철 흥미를 더하기 위해 재배된다. 잎은 광택이 있으며, 열매는 거의 맺히지 않지만 간혹 꽃이 진 후 붉은 열매를 볼 수도 있다. 무리 지어 피는 꽃은 달콤한 향이 강해 연말연시에서 초봄에 이르는 시즌에 분위기를 내기에 적합하다.

칼라

CALLA LILY

Zantedeschia aethiopica

조지아 오키프의 작품 〈두 송이 분홍 칼라〉(1928) 속에 확대되어 그려진 이국적이며 호화로운 칼라 꽃.

조지아 오키프의 추상화 작품 대부분은 작가가 부인했음에도 종종 매우 성적인 것으로 해석되어왔다. 그녀의 작품 〈두 송이 분홍 칼라〉(1928)는 이 이국적인 꽃의 아름다운 형태를 보여준다. 아프리카 일부 지역이 원산지인 이 식물은 원래 순수와 결백을 상징한다고 믿어졌다. 하지만 우아한 구조미를 갖춰 전 세계적으로 부케와 미술 작품 속에 사용되면서 종종 부유와 사치를 상징하게 되었다.

먼저 지난 수천 년의 세월 동안 식물에 대한 정보를 수집한 수많은 원예가, 식물학자, 연구자, 그리고 역사가들에게 감사하고 싶다. 그들이 수집해온 정보들은 이 책의 출간을 가능하게 했을 뿐만 아니라 우리가 살고 있는 대부분의 세상을 훨씬 더 나은 곳으로 만들어주었다. 다음으로 내가 식물에 대한 사랑과 이해를 키울 수 있게 해준 큐 왕립식물원에 감사한다. 나는 정원, 온실, 식물 표본실과 도서관을 오가며 식물을 기르고 공부하고 연구하면서 가장 행복한 시간을 보냈다. 내가 예술과 아름다움, 상징의 힘에 관한 탐험을 시작할 수 있게 해준 코톨드미술학교에도 감사한다.

인내와 사랑, 아낌없는 지원을 해준 나의 파트너이자 원예가 앤드루 루크도 빼놓을 수 없다. 그는 이 책의 주제에 대해 나와 열정을 함께 나누며 배움의 과정을 계속하도록 도와주었다.

이 책의 집필을 의뢰해준 티나 퍼소드와 사진 자료 연구를 담당해준 크리스티 리처드슨에게도 감사한다. 늘 격려를 아끼지 않았던 나의 어머니, 아버지, 오빠, 그리고 이 책을 쓸 수 있게 지원해준 루시 홀, 교정 작업을 친절하게 도와준 제니퍼 브라운에게도 감사의 마음을 전한다. 나와 다른 많은 사람들에게 식물에 대한 기쁨과 즐거움이 멋지게 살아 움직이도록 지속적으로 영감을 준 나의 친구 아론 베르텔슨을 비롯한 많은 친구들에게 감사한다.

그리고 마지막으로 나의 훌륭한 딸 릴리 엘리자베스 루크에게 감사한다. 그 아이는 내가 이 책을 쓰는 모든 순간 나와 함께해주었다. 비록 자신의 선택이 아닌 생물학적 운명이었지만, 릴리는 태어나기 전부터 인내심을 갖고 이 책이 완성되기까지 기다려주었다.

날마다 꽃을 보며 즐거움과 위안을 얻을 수 있다는 것은 큰 행복이다. 날마다 새로운 꽃을 보는 일은 매일 새로운 영감을 얻는 일이다. 생각보다 쉽게 얻을 수 있는 이 경험을 놓치고 사는 사람들이 많다. 대부분 너무나 바쁜 일상에 쫓기다 보니 꽃을 들여다볼 여유가 없어서 그렇기도 하고, 꽃 자체에 대해 관심이 없거나 잘 몰라서 그렇기도 하다. 반면 꽃에서 기쁨을 얻는 방법을 아는 사람들은 시간이 날 때마다 새로운 꽃을 찾아다닌다. 꽃을 사랑하는 사람들의 얼굴은 가장 자연스러우면서도 아름다운 미소로 빛난다. 벌들이 꽃에서 꽃가루와 꿀을 얻듯 사람들도 꽃에서 마음의 양식과 달콤한 감정들을 얻기 때문일 것이다.

영국 큐 왕립식물원에서 원예가로서 식물과 정원 일을 배우며 꽃에 심취한 이 책의 저자 미란다 자낫카는 매일 꽃을 감상하며 얻을 수 있는 기쁨을 이 한 권의 아름다운 책으로 탄생시켰다. 주로 식물의 분류학적 특징과 형태를 묘사하는 일반적인 식물도감과 달리 각각의 꽃이 지닌 특별한 이야기를 큐레이션하여 군더더기 없이 간결하게 담았다. 코톨드미술학교에서 미술사학을 전공했으며 〈BBC 가드너스월드매거진BBC Gardener's World Magazine〉에서 콘텐츠 제작자로도 활약 중인 저자의 남다른 안목 덕택이다. 독자들은 날마다 새로운 꽃을 알아가는 재미와 함께 식물에 대한 방대하고 오래된 역사와 문화사로부터 추출한 알짜배기 이야기를 접할 수 있다.

이 책에서 소개하는 366가지 꽃들의 원산지는 남아프리카공화국 최남단 케이프타운에서 시베리아까지, 해안 평원의 습지부터 고지대 암반 지역까지, 전 세계 곳곳이다. 이 책 한 권으로 일 년 동안 타임머신을 타고 세계여행을 떠나 전 세계 주요 식물들을 모두 만나며 신기한 이야기를 듣는 셈이다. 가령 중세 시대 연금술사들은 알케밀라에 맺힌 빗방울을 가장 순수한 물이라 여겨 금을 만들 때 사용했고, 수국은 감사와 사과의 마음을 동시에 전할 수 있으며, 피버퓨는 고대 그리스 시대부터 해열제로 사용돼왔다. 우엉이나 잔쑥처럼 우리에게 친숙한 식물들과 등대풀이나 개미취 같은 자생 식물, 심지어 미선나무같이 전 세계에서 우리나라에만 자라는 특산 식물에 관한 내용도 있다. 이 외에도 강렬한 파란색 꽃을 피우는 트위디아 코이룰레아, '미니 백합'이라고도 불리는 알스트로메리아 아우레아, 회색빛 털이 보송보송한 호랑버들 등 꽃꽂이 소재로 인기인 꽃들의 저마다 재미있는 이야기를 담아 플로리스트들도 흥미를 느낄 만하다.

이 책에 수록된 이미지는 사진 혹은 세밀화, 미술 작품 등으로 다양하게 구성하여 각각의 식물 이야기를 가장 잘 나타내는 자료를 엄선하여 엮었다. 가령 수염패랭이꽃은 아름다운 케임브리지 공작부인의 결혼식 사진 속 부케로 등장하는가 하면, 서양톱풀은 아킬레스 조각상으로 표현되고, 리넨의 원료가 되는 아마는 오래된 흑백 사진 속 농부와 함께 소개된다. 누구라도 이 책을 본다면 꽃의 매력을 맛보고 그동안 가졌던 호기심과 지적 갈증을 충족시킬 수 있을 것이다.

주변을 돌아보면 꽃을 볼 수 있는 기회는 널려 있다. 근처 공원을 산책해도 되고, 가까운 야산을 올라도 된다. 전국의 수목원과 식물원, 정원들은 계절별로 훨씬 더 다양한 종류의 꽃을 볼 수 있는 좋은 기회를 제공한다. 이 책을 가이드북으로 삼아 우리 주위의 꽃들에 대한 견문을 넓히고 경험을 확장하는 것도 좋을 것이다.

내가 몸담고 있는 한국수목원정원관리원 소속 국립세종수목원에도 날마다 꽃을 보러 오는 사람들로 북적인다. 때로는 손님들에게 직접 해설하기도 하는데, 그때마다 손님들로부터 설명을 듣고 식물을 볼 때와 그냥 볼 때가 너무 다르다는 말을 듣는다. 그만큼 식물에 얽힌 이야기는 그 식물의 가치를 드높이고 즐거움을 배가시킬 수 있다.

꽃은 태초부터 지구의 희망이자 공생의 표상이 되어왔다. 하지만 무분별한 개발과 기후 변화로 점점 야생에서 희귀해지거나 멸종하는 꽃들도 많아지고 있다. 다양한 꽃에 관심을 두고 아끼고 사랑하는 일이야말로 앞으로 지구를 살리는 작지만 소중한 실천이다. 이 책은 사람들에게 그 숭고한 기쁨을 나누어주는 예쁜 선물이 될 것이다.

2023년 봄

박원순

이미지 저작권

© Alamy Stock Photo / 2-3 Alice Dias Didszoleit/Stockimo; 4-5 Sergio Delle Vedove; 7 FAMOUS PAINTINGS; 8, 310 Kumar Sriskandan; 9 Curved Light Botanicals; 10, 365 Neil Holmes; 13, 63 (top), 68 (bottom), 113, 259, 301, 341 John Richmond; 14 Photos Horticultural; 15, 22, 25, 34-35, 51, 62, 93, 115, 130, 144, 156, 174, 202, 210, 300, 322, 331, 333, 366 Florilegius; 16, 31, 64 Deborah Vernon; 18, 105 (bottom) Jason Pulley; 19 ian west; 20 Jason Smalley; 21 Santosh Varky; 23 Religion; 26 Herb Bendicks; 27, 95 Science History Images; 33 AfriPics.com; 38 North Wind Picture Archives; 39 (top) Frederic Tournay/Biosphoto; 40, 61 Andrew Greaves; 41 Zefiryn Pągowski; 42 Romas ph; 43 Helen Hotson; 46 Erik Agar; 47 Les Archives Digitales; 48 Tom Meaker; 49 Quagga Media; 50 Anna Stowe Botanica; 52 Frank Teigler; 53 Reinhard Hölzl; 54-55, 67, 234 Album; 57 Felix Choo; 58 (top) FloralImages; 58 (bottom), 127, 129, 158, 170, 227, 236-237 Tim Gainey; 59, 88, 177, 239, 249, 278 RM Floral; 60 blickwinkel/McPHOTO/HRM; 66 Marjan Cermelj; 68 (top) INTERFOTO / Botany; 80 INTERFOTO / History; 72 MBP-one; 73 Zip Lexing; 74 AY Images; 76 Hugh Welford; 78 Max Rossi; 79 Zoonar/Erich Teister; 81 Olga Ovchinnikova; 82 Botany vision; 83 (top) anjahennern; 83 (bottom) Magdalena Bujak; 84 Karind; 85 Arndt Sven-Erik; 87 Cynthia Shirk; 89 Helen Sessions; 90 Nadiia Oborska; 91 (top) Peter Lane; 91 (bottom) Natural Garden Images; 92 Jolanta Dąbrowska; 94 RJH_IMAGES; 96, 296 GKSFlorapics; 97 Werner Layer; 99, 213 Clare Gainey; 101 A.F. ARCHIVE; 102 Steve Taylor ARPS; 103 Tami Kauakea Winston; 104 ajs; 105 (top) John Steele; 106-107 Marco Isler; 108, 270 Leonid Serebrennikov; 109, 247, 336, 355, 356 Florapix; 110 Gary K Smith; 111 Michael Willis; 112 Cal Vornberger; 114 Jane-Ann Butler; 116 howard west; 117 keith burdett; 118 Painters; 122 Tasfoto; 123 Historic Collection; 124-125 Karl Johaentges; 126, 248 Christian Hütter; 128 blickwinkel/DuM Sheldon; 131 Stephen Frost; 133 m.schuppich; 134 Alain Kubacsi; 135, 152 Martin Hughes-Jones; 136 Joe Giddens; 137 Marg Cousens; 138 Martin Siepmann; 139 bonilook; 140 Historic Images; 142-143, 178 blickwinkel/Layer; 145 Oleg Upalyuk; 146-147, 269 Philip Butler; 150, 208 Steffen Hauser / botanikfoto; 151 Joanna Stankiewicz-Witek; 153, 176 Clement Philippe; 154 Lotta Francis; 155 Frank Sommariva; 159 Charles O. Cecil; 160, 275, 246 (top), 298 Frank Hecker; 161 Gina Kelly; 162 (top) George Ostertag; 163 Art Media/Heritage Images; 164 Pictures Now; 165 Paivi Vikstrom; 166 A Garden; 168 Island Images; 169 Kostya Pazyuk; 171 Nigel Cattlin; 172 Maier, R./ juniors@wildlife; 173 Sally Anderson; 175 The Granger Collection; 179 Sabena Jane Blackbird; 180 Wouter Pattyn; 181, 271 The Picture Art Collection; 182 Jonathan Buckley; 186, 285 David R. Frazier Photolibrary, Inc.; 187 Jonathan Need; 188 Ivan Vdovin; 189 © Walt Disney Studios Motion Pictures /Courtesy Everett Collection; 190 Vincent O'Byrne; 191 Ernie Janes; 194 Dorling Kindersley; 195 Aliaksandr Mazurkevich; 196 Hans Blosse; 197 (top) pjhpix; 197 (bottom) Andrew Duke; 198 Wolstenholme Images; 200 Danièle Schneider / Photononstop; 201 LEE BEEL; 203 Helen White; 204-205 Ed Callaert; 209 migstock; 211 Maximilian Weinzierl; 212 Chronicle; 214 Heinz Wohner; 215 (top) Alan Keith Beastall; 215 (bottom) Dan Hanscom; 216 Historic Illustrations; 217 Frederik; 218, 323 Charles Melton; 219 Mindy Fawver; 220 © Fine Art Images/Heritage Images; 221 FALKENSTEINFOTO; 222 Mirosław Nowaczyk; 223 Oliver Hoffmann; 224 Kathleen Smith; 225 Khamp Sykhammountry; 226 Hemant Mehta; 228 Gary Cook; 229 (bottom) Adelheid Nothegger; 230 Nadia Palici; 231 foto-zone; 233 Werner Meidinger; 235 (top) Kurt Friedrich Möbus; 235 (bottom) Richard Becker; 238 valentyn Semenov; 241 Geoffrey Giller; 242 Allan Cash Picture Library; 243 Sean O'Neill; 244-245 Peter Barritt; 251 Alan Mather; 252 D. Callcut; 253 Artmedia; 254 Chris Howes/Wild Places Photography; 255 Mary C. Legg; 258, 262, 340 Bob Gibbons; 260 Jada Images; 261 Hervé Lenain; 263, 325 (top) Krystyna Szulecka Photography; 264, 277, 376 John Martin; 265 Photoshot; 266-267 Ray Wilson; 268 Alexandra Glen; 272 Martin Skultety; 273 photo_gonzo; 276 artinaction / Stockimo; 279 Christian Goupi; 280 Skip Moody / Dembinsky Photo Associates / Alamy; 283 Peter Vrabel; 284 PjrStamps; 286 steeve-x-art; 288 AJF floral collection; 289 ARCHIVIO GBB; 290 Ewa Saks; 291 Paroli Galperti; 293 Roel Meijer; 294 Fir Mamat; 295, 303 Matthew Taylor; 297 J M Barres; 299, 328 Kiefer; 302 Keith Turrill; 304 Graham Prentice; 305 Joel Douillet; 306 Zoltan Bagosi; 307 Jon G. Fuller/VWPics; 308 Jacky Parker; 309, 347 FotoHelin; 311 Paul Wood; 312 Marilyn Shenton; 313 Ian Shaw; 314 Jurate Buiviene; 315 Anne Gilbert; 317 Marek Mierzejewski; 320-321 Iconic Cornwall; 324 Joel Day; 325 (bottom) emer; 326-327 JONATHAN EASTLAND; 329 Robert Pickett; 330 The Print Collector/ Heritage Images; 332 (bottom) Marco Simoni; 332 (top) Lois GoBe; 334 blickwinkel/R. Koenig; 335 Juan Ramón Ramos Rivero; 337 John Anderson; 338 Narinnate Mekkajorn; 339 The Keasbury-Gordon Photograph Archive; 342 STUDIO75; 344 Eastern Views; 346 Frank Bienewald; 349 Prisma Archivo; 350 Val Duncan/ Kenebec Images; 352-353 MMGI/Marianne Majerus; 354 Sunny Celeste; 357 Hans-Joachim Schneider; 358 CHRIS BOSWORTH; 359 Arco / J. Pfeiffer; 360 Steve Hawkins Photography; 361 Sparkz_co; 362, 371 thrillerfillerspiller; 363 Anna Sobolewska; 364 Chua Wee Boo; 367 Steffie Shields; 368 Ana Flašker; 370 Elena Grishina; 372 Tolo Balaguer; 374 Everyday Artistry Photography; 375 Filip Jedraszak.

© Bridgeman Images 77; 70 Johnny Van Haeften Ltd., London 377 © Philadelphia Museum of Art: Bequest of Georgia O'Keeffe for the Alfred Stieglitz Collection, 1987, 1987-70-4 / Bridgeman Images

© GAP Photos 157; 12, 44-45 Richard Bloom; 17 Fiona Rice; 28, 345 John Glover; 29, 348, 369 Howard Rice; 36 Mark Bolton; 56, 141, 193 Jonathan Buckley; 75 Jerry Harpur; 120 Torie Chugg; 121 Heather Edwards; 184, 232 Ernie Janes; 229 (top) David Tull; 246 (bottom) Jacqui Dracup; 281 Jason Ingram; 292 Friedrich Strauss; 343 Matt Anker; 373 Sabina Ruber.

© Getty Images / 30 Tom Meaker / EyeEm; 32 LazingBee; 37 Anna Yu; 65 Daniela Duncan; 69 Photo by Glenn Waters in Japan; 98 Elizabeth Fernandez; 119 Ravinder Kumar; 162 (bottom) bewolf design; 183 OsakaWayne Studios; 199 duncan1890; 206 Clive Nichols; 207 Samir Hussein / Contributor; 250, 257 Jacky Parker Photography; 256 mikroman6; 287 Massimiliano Finzi; 316 Jenny Dettrick; 318 Anadolu Agency / Contributor; 319 Sebastian Condrea.

© Mary Evans Picture Library / 148, 351 The Pictures Now Image Collection; 167 RICHARD PARKER; 351.

© Shutterstock.com / 11 udaix; 24 (bottom) Arunee Rodloy; 24 (top) Sari ONeal; 39 (bottom) Brookgardener; 63 (bottom) photoPOU; 132 bodhichita; 149 Max_555; 185 Kapuska; 192 catus; 240 SARIN KUNTHONG; 274 frank60.

Cover © Christopher Ryland. All rights reserved 2022 / Bridgeman Images.

ㄱ

가난한 집의 꽃 poorhouse flowers 291
가는미나리아재비 167
가리아 엘립티카 66
가시자두 312
가시칠엽수 140
가우라 308
가짜 오렌지 mock orange 133
각시체꽃 293
개 이빨 Dog's Tooth 82
개량사과나무 108
개미취 332
개박하 290
개장미 159
갯버들 '마운트 아소' 64
거베라 337
게발선인장 370
게움 리발레 259
게움 우르바눔 258
고대 유대의 나무 Arbor Judea 75
고스 138
관동화 92
광귤 93
구애와 결혼 courtship and matrimony 224
국가 상징 6, 42, 71, 221, 242, 271, 310, 324, 359
국화 339
귀족과 귀부인 Lord - and - Ladies 130
극락조화 316
글라디올러스속 *Gladiolus*
　글라디올러스 10
　비잔틴글라디올러스 144
글로리오사 수페르바 359
금낭화 57
금사슬나무 147
금어초 254
금잔화 295
기침풀 92
꽃댕강나무 344
꽃도라지 273
꽃생강속 *Hedychium*
　꽃생강 355
　카힐리 꽃생강 374
꽃케일 182
꽃케일속 *Crambe*
　꽃케일 182
　해안꽃케일 200
꿩복수초 247

ㄴ

〈나는 구름처럼 외롭게 떠돌았다 *Wandered Lonely As a Cloud*〉(워즈워스) 72
나라꽃
　글로리오사 수페르바 359
　꽃생강 355
　라플레시아 아르놀디 195
　반다 산데리아나 271
　서양가시엉겅퀴 221
　아네모네 코로나리아 99
　프로테아 키나로이데스 285
　하와이무궁화 310
나르키수스 Narcissus 38
납매 29
네레이드 Nereids 17
네리네 보우데니 17
네메시아 카이룰레아 332
네이키드 레이디스 naked ladies 296
네팔서향 39
노랑너도바람꽃 50
노랑복주머니란 179
노랑현호색 150

노루오줌 268
노르웨이당귀 174
눈의 영광 Glory - of - the - Snow 74
느릅터리 224
니겔라 231
니코티아나 루스티카 284
니포피아 우바리아 365

ㄷ

다알리아속 *Dahlia*
다알리아 '블리턴 소프터 글림' 8
다알리아 '비숍 오브 란다프' 277
다우니 Downey, W. & D. 289
다윈, 찰스 Darwin, Charles 211, 356
닥틸로리자 푸크시 198
단자산사나무 155
단풍나무속 *Acer*
단풍나무 114
플라타너스단풍 117
달걀과 베이컨 eggs and bacon 263
달맞이꽃 234
당근 212
대 플리니우스 Pliny the Elder 92, 261, 311
대나무 119
대성당의 종 cathedral bells 211
더글러스, 데이비드 Douglas, David 66
데이지 354
덴마크 앤 여왕 Anne of Denmark 212
덴스카니스얼레지 82
델피니움 엘라툼 206
동백나무 51
동백나무속 *Camellia*
동백나무 51
애기동백나무 '크림슨 킹' 362
차나무 15
두보 Du Fu 134
둥근잎나팔꽃 305
드 벨더, 로버트 de Belder, Robert 26
드 파네마케르, 조제프 de Pannemaeker, J. 202
드 파세, 시몬 de Passe, Simon 212
드레이크, 사라 Drake, Sarah 62
등대풀 297
디 조르조 마르티니, 프란체스코 di Giorgio Martini, Francesco 95
디기탈리스 푸르푸레아 170
디모르포테카 주쿤다 360
디아스키아 몰리스 48
디오니소스 Dionysus 319
디올, 크리스찬 Dior, Christian 124
디프사쿠스 풀로눔 265
때죽나무 137
뚜껑별꽃 228

ㄹ

라일락 148
라플레시아 아르놀디 195
락스만, 에릭 Laxmann, Erik 67
란타나 카마라 18
레니한, 에디 Lenihan, Eddie 155
레몬밤 306
레오나르도 다빈치 Leonardo da Vinci 114
로도키톤 아트로스앙귀네우스 213
로빈슨, 윌리엄 Robinson, William 68, 331
로즈마리 163
로테카 미리코이데스 303
루던, 제인 Loudon, Jane 67, 331
루던, 존 Loudon, John 29
루드베키아 269
루엘, 장 Ruelle, Jean 302
루엘리아 후밀리스 302
루피너스 앙구스티폴리우스 204~205
르두테, 피에르 조제프 Redoute, Pierre-Joseph 140, 164
리난투스 미노르 266~267
리모니움 불가레 232
리브스, 존 Reeves, John 142
리비아 드루실라 Livia Drusilla 256
린네 칼 Linnaeus, Carl 8, 10, 67
린덴, 장 Linden, Jean 202
릴리터프 Lilyturf 342

ㅁ

마거리트 249
마다가스카르재스민 292
마시멜로 246
마취목 68
마퇴, 장Matheus, Jean 27
마편초 313
매실나무 34
매크레이, 존McCrae, John 326
맥문동 342
맥시코 해바라기 338
메도 사프란meadow saffron 296
메디닐라 마그니피카 181
메디아뿔남천 '윈터 선' 30
메리골드marigold
    금잔화 295
    나무메리골드 338
    아메리칸메리골드 189
메이플라워 132
멕시코 아이비 211
멕시코수련 245
명자꽃 91
모네, 클로드Monet, Claude 147, 244~245
모리스, 리처Morris, Richard 234
모스카타접시꽃 229
몬트브레티아montbretia 22
몰루켈라 라에비스 278
몰리, 존Morley, John 371
무스카리 아르메니아쿰 128
무신푸시킨, 아폴로스 아폴로소비치Mussin-Pushkin, Apollos Apollosovich 81
물망초 288
물범부채 88
뮐러, 발터Muller, Walther 115, 174, 322
미국개오동 192
미국이팝나무 139
미나리아재비속*Ranunculus*
    가는미나리아재비 167
    라넌큘러스 아시아티쿠스 151
미모사아카시아 78
미선나무 56

ㅂ

바닐라 282
바다 라벤더sea lavender 232
바람꽃속*Anemone*
    아네모네 블란다 68
    아네모네 코로나리아 99
바링토니아 아시아티카 222
바오밥나무 366
바코파(향설초) 24
바클레이, 조지Barclay, George 62
박스 과일 222
반 고흐, 빈센트van Gogh, Vincent 7, 54~55
반 다이크, 안토니van Dyck, Anthony 220
반 텔렌, 얀 필립van Thielen, Jan Philip 70
밥티시아 아우스트랄리스 127
방크시아 박스테리 83
배롱나무 215
배암차즈기속*Salvia*
    로즈마리 163
    살비아 파텐스 331
백당나무 145
백일홍 291
백합 118
백합lilies
    글로리오사 수페르바 359
    꽃생강 355
    네리네 보우데니 17
    백합 118
    아프리카아가판서스 25
    에우코미스 코모사 357
    칼라 377
백합나무 161
뱀무속*Geum*
    게움 리발레 259
    게움 우르바눔 258
버넷, 메리 앤Burnett, Mary Ann 210
버드나무속*Salix*
    갯버들 '마운트 아소' 64

호랑버들 85
버들마편초 313
버지니아풍년화 349
버터플라이 부시butterfly bush 303, 315
벚나무속*Prunus*
가시자두 312
매실나무 34
서양자두나무 63
아몬드 54
왕벚나무 '소메이요시노' 69
춘추벚나무 '아우툼날리스 로세아' 346
베고니아 그라킬라스 186
베를레제, 로렌조Berlese, Lorenzo 51
베세라 엘레간스 193
베스카딸기 157
베이치앤드선즈Veitch & Sons 363
벨라돈나풀 256
《변신 이야기*Metamorphoses*》(오비디우스) 27
별꽃 41
보리지 272
보위, 제임스Bowie, James 294
볼스 모브 61
볼스, 에드워드 아우구스투스Bowles, Edward Augustus 61
붓꽃속*Iris*
레티쿨라타붓꽃 58
알제리붓꽃 28
이리스 다마스케나 80
부들레야 다비디 315
부바르디아 테르니폴리아 323
부인의 귀걸이 lady's eardrop 209
부추속*Allium*
나도산마늘 180
산부추 '오자와' 345
알리움 시쿨룸 158
부활절 나무 76
분홍바늘꽃 214
붉은말채나무 185
브루그만시아 아르보레아 286
블랙엘더베리 154
블루벨 104
비둘기 나무 dove tree 116
비잔틴그라디올러스 144
비튼, 세실Beaton, Cecil 330
빅토리아 여왕 199, 320
뻐꾹냉이 153

ㅅ

사두패모 102
사라세니아 알라타 191
사르코코카 후케리아나 디기나 353
사쿠라 69
사프란 22, 296, 318
산노각나무 219
살갈퀴 340
살비아 파텐스 331
삼지닥나무 62
상록풍년화 65
상인의 나침반trader's compass 91
새매발톱꽃 121
섐록shamrock 86
서양가시엉겅퀴 221
서양고추나물 314
서양민들레 322
서양벌노랑이 263
서양쐐기풀 287
서양자두나무 63
서양톱풀 168
서향 376
선옹초 275
설강화속*Galanthus*
갈란투스 플리카투스 '쓰리 쉽스' 371
설강화 12
설령쥐오줌풀 175
성 패트릭Saint Patrick 86
세열유럽쥐손이 235
센토레아 키아누스 169
셀레니체레우스 위티 136
셈페르비붐 텍토룸 223
셰익스피어, 윌리엄Shakespeare, William 134, 163, 207

손수건나무 116
솔나물 262
솔라눔 락숨 239
솔로몬의 인장 177
수국 165
수도나르키수스수선화 72
수도사의 두건monk's hood 210
수선화 '라인벨츠 얼리 센세이션' 38
수선화 '페브러리 골드' 59
수염가래꽃 347
수염패랭이꽃 207
수영 176
수정난풀 243
숙근안개초 250
숫잔대속*Lobelia*
　수염가래꽃 347
　태청숫잔대 280
슈-플라이 플랜트shoo-fly plant 301
스위트 박스sweet box 353
스위트피 194
스카비우스scabious
　각시체꽃 293
　크나우티아 마케도니카 255
　크나우티아 아르벤시스 299
스카이볼라 타카다 230
스코틀랜드 여왕 메리Mary, Queen of Scots 221
스코틀랜드 제임스 5세James V of Scotland 221
스타 재스민 91
스타펠리아 기간테아 33
스토크 202
스트렙토카르푸스 삭소룸 294
스트롱길로돈 마크로보트리스 129
스파티필룸 왈리시 183
스패니시 블루벨 104
시베리아현호색 67
시클라멘 헤데리폴리움 304
《식물의 종Species Plantarum》(린네) 8
신농Shennong 15
신화
　그리스Greek 17, 27, 38, 89, 95, 148, 168, 188, 217, 285, 319, 342, 349
　멕시코Mexican 372
　셈페르비붐 텍토룸 223
　《하멜른의 피리 부는 사나이Pied Piper of Hamlin》 175
　힌두교Hindu 21
실라 포르베시 74
실바티쿠스, 마테우스Sylvaticus, Mattheus 174
실버베리silverberry 341
쑥부지깽이속*Erysimum*
　에리시멈 '볼스 모브' 61
　에리시멈 비콜로르 79
쓰리 쉽스Three Ships 371

ㅇ

아네모네 블란다 68
아네모네 코로나리아 99
아니고잔토스 루푸스 324
아니스 190
아룸 마쿨라툼 130
아르니카 몬타나 235
아르메리아 마리티마 197
아마 242
아마란투스 크루엔투스 208
아마릴리스 '카르멘' 373
아마존빅토리아수련 199
아모르포팔루스 티타눔 225
아몬드 54
아미 184
아브라함-이삭-야곱Abraham-Isaac-Jacob 46
아서, 빌리발트Arcus, Willibald 130
아스테르 아멜루스 283
아우구스투스 프레데릭 왕Augustus Frederick, Prince 221
아우구스투스 황제Augustus, Emperor 256
아이브라이트 172
아이비 319
아카시아속*Acacia*
　미모사아카시아 78
　아카시아 피크난타 330

아코니툼 나펠루스 210
아키스 아우툼날리스 335
아킬레스Achilles 168
아탈리아목형 216
아폴론Apollo 89
아프로디테 Aphrodite 95
아프리카나팔꽃 325
안개 속의 사랑 love - in - a - mist 231
알리섬 111
알스트로메리아 아우레아 197
알케밀라 몰리스 171
애기동백나무 '크림슨 킹' 362
애기바나나 23
앤 여왕의 레이스Queen Anne's lace 212
앵초속*primula*
    프리물라 '골드 레이스드' 90
    프리물라 베리스 123
    프리물라 불가리스 351
야코바이아 불가리스 333
약재스민 226
《약초 의학서*The Herball or Generall Historie of Plantes*》(제라드) 240
양귀비속*Papaver*
    개양귀비 326
    웨일스포피 227
에리카 키네레아 43
에린기움 바리폴리움 264
에우코미스 코모사 357
에키나시아 298
에피가이아 레펜스 132
에피파구스 비르기니아나 241
엘리자베스 1세 282
엘리자베스 2세 330, 359
엘리펀트 이어 elephant's ears 98
연꽃 196
연보라색
    덴스카니스얼레지 82
    향기제비꽃 83
열정의 아네모네 97
염소버들 85
영산홍 134
영춘화 24
오드리 2세 100
《오디세이아*Odyssey*》(호메로스) 27
오르니토갈룸속*Ornithogalum*
    오르니토갈룸 움벨라툼 126
    오르니토갈룸 칸디칸스 358
오비디우스Ovid 27
오키드orchids
    노랑복주머니란 179
    닥틸로리자 푸크시 198
    바닐라 282
    반다 산데리아나 271
    오프리스 아피페라 201
    팔레놉시스 아마빌리스 363
오키프, 조지아O'Keeffe, Georgia 377
오프리스 아피페라 201
올분꽃나무 '돈' 60
와일드, 오스카Wilde, Oscar 289
왕개Wang Gai 34~35
왕벚나무 '소메이요시노' 69
왜광대수염 329
요정에 관한 이야기
    개장미 159
    네리네 보우데니 17
    단자산사나무 155
    디기탈리스 푸르푸레아 170
    라일락 148
    맥문동 342
    뻐꾹냉이 153
    칼루나 불가리스 320
    캄파눌라 로툰디폴리아 260
    프리물라 불가리스 351
    요크셔의 사제 윌리엄William of York 207
욘지, 샬럿Yonge, Charlotte M. 256
우네도딸기나무 311
우단동자꽃 279
우엉 248
울렉스 에우로파이우스 138
워즈워스, 윌리엄Wordsworth, William 72

워터 릴리water lily
　　멕시코수련 245
　　아마존빅토리아수련 199
워터하우스, 존 윌리엄Waterhouse, John William 118
월계분꽃나무 348
월플라워 79
월피아 글로보사 274
웨일스포피 227
위타니아 솜니페라 334
윌스, 윌리엄 고먼Wills, William Gorman 163
윌슨, 어니스트Wilson, Ernest 60
유다박태기나무 75
유대교Judaism 238
유럽개암나무 52
유럽당마가목 156
유럽블루베리 94
유럽사시나무 58
유럽은방울꽃 124
유럽참나무 115
유럽호랑가시나무 367
유령 나무ghost tree 116
융, 요한 야코프Jung, Johann Jakob 51
으아리속*Clematis*
　　클레마티스 '윈터 뷰티' 13
　　클레마티스 키로사 '징글 벨스' 369
　　클레마티스 키로사 31
은방울꽃 관목 68
은방울수선 110
은엽보리수나무 160
은종나무 112
인동속*Lonicera*
　　퍼퍼스괴불나무 36
　　향괴불나무 16
《잉글리시 플라워 가든*The English Flower Garden*》(로빈슨)
　　68, 331

ㅈ

자단향 42
잔쑥 246
잘루지안스키아 오바타 20
장 니코Nicot de Villemain, Jean 284
장미속*Rosa*
　　개장미 159
　　로사 센티폴리아 164
저먼캐모마일 166
적작약 149
접시꽃 45
정복자 윌리엄William the Conqueror 207
정향나무 368
제라늄 프라텐세 257
제라늄geraniums 14
제라드, 존Gerard, John 240
제퍼슨, 토머스Jefferson, Thomas 300
존슨, 아서Johnson, Arthur 373
좁은잎해란초 317
준베리 122
중국금꿩의다리 251
중국등나무 142
지킬, 거트루드Jekyll, Gertrude 68
진달래속*Rhododendron*
　　영산홍 134
　　유럽만병초 107
집시 펀 150
징글 벨스Jingle Bells 369

ㅊ

차나무 15
찰스 1세Charles I 220
참오동나무 105
참취속*Aster*
　　개미취 332
　　아스테르 아멜루스 283
초롱꽃속*Campanula*
　　캄파눌라 로툰디폴리아 260
　　캄파눌라 페리시키폴리아 188
춘추벚나무 '아우툼날리스 로세아' 346
층층나무속*Cornus*
　　꽃산딸나무 105
　　미국산수유 27
　　붉은말채나무 185

치자나무 77
치커리 229

ㅋ

카네이션 289
카르빈스키, 빌헬르Karwinsky, Wilhelm 193
카마시아 쿠아마시 162
카멜라우키움 웅시나툼 325
카힐리 꽃생강 374
칼라 377
칼루나 불가리스 320, 343
칼리Kali 310
칼리브라코아 파르비플로라 131
칼리안드라 헤마토케팔라 364
칼세올라리아 우니플로라 356
캄파눌라 로툰디폴리아 260
캄파눌라 페리시키폴리아 188
캘리포니아라일락 135
캘리포니아포피 203
커리플랜트 261
컬페퍼, 니콜라Culpeper, Nicholas 172
케린테 마요르 187
케이츠비, 마크Catesby, Mark 253
코로닐라 발렌티나 글라우카 40
코메르송, 필리베르Commerson, Philibert 356
코바이아 스칸덴스 211
코번트리 백작Coventry, Lord 29
코보, 베르나베Cobo, Bernabe 211
코스모스 178
콘볼불루스 사바티우스 328
콜레티아 파라독사 343
콜키쿰 아우툼날레 296
콩커conkers 140
쿠파니, 프란시스쿠스Cupani, Franciscus 194
쿡, 조지Cooke, George 25
큐피드Cupid 188
크나우티아속*Knautia*
　크나우티아 마케도니카 255
　크나우티아 아르벤시스 299
크로코스미아 아우레아 22
크리노덴드론 후케리아눔 19
크리슈나Krishna 21
큰까치수염 217
큰보리장나무 341
클라크, 윌리엄Clark, William 234

ㅌ

태산목 253
태청숫잔대 280
털마삭줄 91
털모과 95
털여뀌 300
텍사스 블루벨 273
텔리마 그란디플로라 152
토끼풀 86
통조화 63
투구꽃 210
투트모세 3세Thutmose III 80
튀르팽, 피에르 장 프랑수아Turpin, Pierre Jean-François 366
튤립 '셈페르 아우구스투스' 71
트라켈리움 카에룰레움 141
트라키스테몬 오리엔탈리스 46
트위디, 제임스Tweedie, James 336
트위디아 코이룰레아 336
티에르 드 메농빌, 니콜라 조제프Thiery de Menonville, Nicolas-Joseph 277
틸란드시아 이오난타 84

ㅍ

파로티아 페르시카 39
파슬리 238
파켈리아 타나케티폴리아 237
파퍼스 150
판Pan 148
팔레놉시스 아마빌리스 363
팥꽃나무속*Daphne*
　네팔서향 39
　흰꽃이월서향 53
　서향 376

패랭이꽃속 *Dianthus*
디기탈리스 푸르푸레아 170
디아스키아 몰리스 48
수염패랭이꽃 207
카네이션 289
패모속 *Fritillaria*
사두패모 102
프리틸라리아 라데아나 109
프리틸라리아 임페리알리스 96
패션 프루트 276
퍼들, 찰스Puddle, Charles 60
퍼퍼스괴불나무 36
페루꽈리 301
페타시테스 프라그란스 375
페트레, 로버트 제임스Petre, Robert James 51
펜스테몬 바르바투스 218
펜타글로티스 셈페르비렌스 113
펠라르고늄 트리스테 14
펠리시아 아멜로이데스 361
포인세티아 372
포친, 헨리 데이비스Pochin, Henry Davis 60
포피poppy
개양귀비 326
웨일스포피 227
캘리포니아포피 203
히말라야푸른양귀비 173
폰팅, 허버트Ponting, Herbert 339
푸시키니아 스킬로이데스 81
푸크시아 하치바치 281
푸크시아속 *Fuchsia*
푸크시아 트리필라 209
푸크시아 하치바치 281
폴모나리아 오피키날리스 49
풀협죽도 270
풍년화속 *Hamamelis*
버지니아풍년화 349
인테르메디아풍년화 '옐레나' 26
프랭크, 킹던워드Kingdon-Ward, Frank 173
프렌치라벤더 252
프로이센 루이즈 여왕Louise of Prussia 169
프로테아 285
프로테아 키나로이데스 285
프루넬라 불가리스 309
프리물라 '골드 레이스드' 90
프리물라 베리스 123
프리물라 불가리스 351
프리지아 162
프리틸라리아 라데아나 109
프리틸라리아 임페리알리스 96
플라타너스단풍 117
플라톤Plato 216
〈플랑드르 들판에서*In Flanders Field*〉(매크레이) 326
플루메리아 루브라 103
플뤼미에, 샤를Plumier, Charles 209
피그 스퀴크pig squeak 98
피버퓨 233

ㅎ

《하멜른의 피리 부는 사나이*Pied Piper of Hamlin*》 175
하와이무궁화 310
한련화 47
해리스, 모시스Harris, Moses 333
해바라기 220
《햄릿*Hamlet*》(셰익스피어) 163
향고광나무 133
향괴불나무 16
향기제비꽃 83
험프리, 헨리 노엘Humphreys, Henry Noel 67
헤이, 레베카Hey, Rebecca 156
헬레니움 '루빈츠베르크' 8
헬레보루스속 *Helleborus*
헬레보루스 오리엔탈리스 350
헬레보루스 포이티두스 37
헬리오트로프 87
헬리코니아 로스트라타 307
호랑버들 85
호메로스Homer 27
호주매화 32
홀리데이, 빌리Holiday, Billie 77
홀리바질 21

홀보엘리아 코리아케아 120
홉킨스, 아서Hopkins, Arthur 123
황새냉이속*Cardamine*
    뻐꾹냉이 153
    카르다미네 트리폴리아 73
후드 피치, 월터Hood Fitch, Walter 181
후엽꽃돌부채 98
〈흡혈 식물 대소동Little Shop of Horrors〉 (1986) 100
흰꽃이월서향 53
히말라야물봉선 215
히말라야푸른양귀비 173
히솝 240
히아신스 89
히아킨토스Hyacinthus 89
힌두교 21, 196, 310, 334

A Flower A Day
by Miranda Janatka

날마다 꽃 한 송이

1판 1쇄 발행 2023. 4. 5.
1판 2쇄 발행 2023. 7. 7.

지은이 미란다 자낫카
옮긴이 박원순

발행인 고세규
편집 이예림 디자인 조명이 마케팅 정희윤 홍보 장예림
발행처 김영사
등록 1979년 5월 17일(제406-2003-036호)
주소 경기도 파주시 문발로 197(문발동) 우편번호 10881
전화 마케팅부 031)955-3100, 편집부 031)955-3200 | 팩스 031)955-3111

값은 뒤표지에 있습니다.
ISBN 978-89-349-7840-4 03480

홈페이지 www.gimmyoung.com　　블로그 blog.naver.com/gybook
인스타그램 instagram.com/gimmyoung　　이메일 bestbook@gimmyoung.com

좋은 독자가 좋은 책을 만듭니다.
김영사는 독자 여러분의 의견에 항상 귀 기울이고 있습니다.